铁线莲完美搭配

金子明人○监修
及川洋磨○著
陶　旭○译

长江出版传媒　Ⓚ湖北科学技术出版社

U0267078

与达人一起谱写
铁线莲乐章

铁线莲园艺种大约在10年前进入中国，与其他园艺植物不同的是，铁线莲因为本身复杂的分类，以及需要细心呵护、修剪的特性，注定是一种个人化的园艺植物（适合家庭种植，不适合用于大规模绿化），所以它的普及之路与国内家庭园艺的发展路径几乎同轨。

铁线莲充满个性的花色，攀缘的特性，以及千姿百态的造型，迷倒了无数花卉爱好者，以至于现在无论何种水平的花友，家里多多少少都有几株铁线莲，铁线莲也因而得到了一个爱称，叫作"小铁"。另外，铁线莲还有一个特征是需要栽培者付出许多耐心和劳力。也就是说，我们只有付出更多的心血和关注，它才会回报给我们更美的绽放。

从冬季的换盆、追肥，春季的嫩枝牵引绑扎，到初夏花后的修剪整枝，秋季的追肥、促花，再到冬季的修剪，以及对病虫害的快速反应，尤其是防范枯萎病的各种手段，使铁线莲的栽培过程扣人心弦又充满挂念。

为了更好地养护和运用我们手中可爱的"小铁"，"绿手指"继《绿手指玫瑰大师系列》之后，又策划了《绿手指铁线莲达人系列》。本系列丛书共有4本，分别是国内原创图书《铁线莲栽培12月计划》，引进图书《铁线莲栽培入门》《铁线莲完美搭配》《月季·圣诞玫瑰·铁线莲的种植秘籍》。

《铁线莲栽培12月计划》由国内的铁线莲达人米米童（昵称米米）编著，插画师奈奈与七（昵称奈奈）手绘。米米的勤奋与执着，插画师奈奈的灵气和表现力，让这本书充满干货。

本书以时间为轴线，按月介绍不同品种的养护要点，分享来自实践的心得，简明易懂，操作性强。

米米从2010年开始种植铁线莲，8年来尝试过的栽种地点有公寓窗台和花园露台，种植过数百个品种，并坚持在微博上连载她的种植记录，是铁线莲花友中女神级的人物。

我曾与米米有过长期的同群交流经历和短暂的一面之交，无论是在网络还是在现实中，米米对铁线莲和其他植物发自内心的热爱都充满了感染力。同时，作为一个"理科女"，她的探究精神与逻辑性在书中也随处可见。

《铁线莲栽培入门》是日本铁线莲大师及川洋磨的作品。及川洋磨是位于日本岩手县的著名铁线莲苗圃的第二代继承人。他既拥有丰富的铁线莲栽培知识和经验，又在铁线莲的造景运用上独具匠心，是一位极有心得的铁线莲造景师。本书主要介绍了铁线莲基础的养护方法，以及在花园各种场景下的运用、牵引方法和造景要点，对于目前还以盆栽为主的我国铁线莲爱好者来说，是不可多得的参考。

《铁线莲完美搭配》是日本铁线莲大师及川洋磨和金子明人的合作之作，从书名可知，本书同样注重铁线莲的花园运用，只是稍微转换了视角，着眼于介绍各种环境下适宜栽种的铁线莲品种，为篱笆、拱门、塔架、盆栽、窗边等不同的小场景和与草花、玫瑰、月季等其他植物搭配推荐了不同的铁线莲品种，并对它们的习性进行了详细的归纳，堪称铁线莲造景大图鉴。

《月季·圣诞玫瑰·铁线莲的种植秘籍》是小山内健、野野口稔、金子明人三位大师合著的作品。在翻译的过程中，我发现本书中有大量的新概念和实践信息，导致我们的理解和翻译异常辛苦，但也大有收获。

在国外，有把月季、铁线莲、圣诞玫瑰合称为 CCR（Clematis,Christmas rose,Rose）的说法，在英国甚至把 CCR 称为花园三大要素。月季的颜值芳香、铁线莲的立体造型、圣诞玫瑰的冬日色彩，使 CCR 把花园从时间和空间上都打扮得丰富多彩。国外能让 CCR "聚会"的花园不少，但是让 CCR "聚会"的书籍却不多，所以我第一次看到这本书就下定决心要把它介绍给中国的花友。今天它的中文版发行，让我有了梦想成真的欣喜。

最后，我希望有更多的花友通过这套书爱上并种好铁线莲，也祝愿大家在各自的花园里让 CCR 绽放魅力。

说明：书籍中"日本东北地区以西和以南的平原地带"是指日本以关东平原为主的夏季炎热、冬季温暖的地区，大致对应中国黄河以南至长江流域；"日本关东地区以西的平原地带"，气候大致对应中国长江流域。

药草花园

铁线莲带来新乐趣

　　枝条流畅地回旋于花架与玫瑰之间，随处自由地开出美花，这种随意自然的感觉正是铁线莲的最大魅力。既可以搭配西洋风格，与东方传统风格也能结合得恰到好处；既可以在花格花架上开花，在栏杆上也能展现芳容；既可以扮彩窗边，也可以在玫瑰拱门上大放异彩，把藤本植物的各种可能性发挥到极致。

　　每个品种各具特色，因其栽培环境、搭配资材的不同又可以展现出更多变化来。而且栽培几年植株逐渐强壮后又会有一些新的变化，年年有新意，可以说是让人百看不厌的美物。

　　虽然自由度和人气都很高，但是铁线莲貌似有复杂的种类，不免让人理不清思路，误认为是很难打理的植物。

　　所以我们将在本书中介绍各种场景里铁线莲的应用实例、展现要点和牵引修剪知识，并列出推荐品种，希望能抛砖引玉，为您打造出有铁线莲的漂亮景致提供借鉴。相信本书一定会让您爱上魅力纷呈的铁线莲世界。

'小男孩'（蓝色）、
'前卫'（红色）等。

铁线莲完美搭配
目录

图鉴

图 例

① **'小鹰'** *C. 'Petit Faucon' = 'Evisix'*

⑥ **分类（开花习性）：** 全缘组（新）。
⑦ **开花特性：** 反复开花（强）。
⑧ **开花时期：** 5月中旬至10月。
⑨ **枝条长度：** 0.7～1m。
⑩ **花朵直径：** 6～10cm。
⑪ **花色：** 带有光泽的深紫色。
⑫ **特征：** 花朵初开时呈吊钟状，之后慢慢展开横向开放。易栽培，植株强壮时长出很多枝条，花量猛增。可以当作普通宿根花卉打理。

① 学名
② 种子观赏图标…重点标注出种子的果球较具观赏效果的品种
③ 常绿图标…常绿品种
④ 推荐图标…强烈建议种种看的品种
⑤ 汉字品种名…常用的汉字品种名。
⑥ 分类（开花习性）→旧…旧枝开花、新旧…新旧枝开花、新…新枝开花
⑦ 开花特性…单季开花＝基本仅在春季开一次花，之后即使复花花量也极少
反复开花（弱）＝春季开花后经妥善打理会再次开花，但反复性较弱
反复开花（强）＝春季开花后经妥善打理会再次开花，且反复性强
⑧ 开花时期…开花最盛的大体时段
⑨ 枝条长度…枝条大体的伸展长度
⑩ 花朵直径…花朵大体直径
⑪ 花色…花色特征描述
⑫ 特征…关于本品种的特别事项

※ 这里的数据以日本关东到关西的平原地区为准。因气候、栽培方式、植株个体差异等原因可能会有所不同。

铁线莲园艺造景8个要点

铁线莲从栽种两年生苗起养护到成株需 3 ~ 4 年时间。
进入成株状态后才是真正大放异彩之时。

1. 日照非常重要

要把铁线莲栽种在每天至少能保证 4 小时日照且排水状况良好的地方。如果日照不足会导致植株无法正常生长，并可能影响正常坐花。

2. 选择与环境相适应的品种

要事先确认品种的耐热性、耐寒性、枝条生长长度等特性，选择与自己的栽种环境相适应的品种。

3. 施足肥料

地栽的情况下，冬肥尤其重要，盆栽的情况下需要定期给肥，但都要注意不能施肥过多。

4. 注意给水

地栽的情况下，只需要在盛夏里连续多日特别干燥的情况下给水。盆栽的情况下，需要观察植株的状态，根据实际情况适当给水。但较常见的似乎是由于给水过多而造成枯萎的情况。

5. 培养到成株的程度需要 3～4 年时间

如果从两年苗开始栽起，通常长到一定效果需要 3～4 的时间。如果环境或打理方法不佳，可能需要更长的时间。

6. 地栽的情况下简单修剪即可

一般在早春时将没有萌芽的部分剪掉，花后修剪残花即可。地栽基本不用详细区分各种组的不同修剪方式。

7. 细致牵引使其精彩呈现

出芽后应至少每周进行 1 次牵引，把枝条向需要开花的方向牵引。只是平均分散开也会显得更加繁茂。

8. 根据品种和地点选择合适的搭配资材

根据空间（面积、高度）和品种（枝条的伸展效果）来选择合适的搭配资材（立体花架、平面花格等）可以有效保证观赏效果。

新手也能种得美美的
推荐铁线莲图鉴

这里介绍容易养护，即使土壤量有限也能正常开花，却又不会长势过于凶猛的品种。

'美好回忆' *C.'Fond Memories'* ❋ ♦ ★

分类（开花习性）： 佛罗里达组（新旧）。

开花特性： 反复开花（强）。

开花时期： 5月中旬至10月。

枝条长度： 2~2.5m。

花朵直径： 12~17cm。

花色： 白色花瓣的尖端带有深粉紫色。

特征： 开花大小和花色因植株长势和开花期而呈现不同状态，可以欣赏到各种变化。色调柔和，即使是很小的空间也不会显得过于抢眼，非常容易搭配起来。是易栽培的著名品种。

'小精灵' *C.'Pixie'* ❋ ♦ ★

分类（开花习性）： 常绿组（旧）。

开花特性： 单季开花。

开花时期： 3月中旬至4月。

枝条长度： 0.5~1m。

花朵直径： 2~3cm。

花色： 稍偏黄色的黄绿色。

特征： 开出可爱的黄绿色小花，开花后越来越偏黄色。植株紧凑，不加支柱的话可以打造出垂枝效果，叶形美观，单是叶片就颇具观赏价值。适合盆栽。在日本关东以西的平原地带可以室外露地越冬。

'卡罗琳' *C.'Caroline'* ✳ ◈ ★

分类（开花习性）： 晚开大花组（新旧）。

开花特性： 反复开花（强）。

开花时期： 5月中旬至10月。

枝条长度： 1.5～2m。

花朵直径： 9～12cm。

花色： 偏红色的鲑粉色，花瓣带有粉红色中筋。

特征： 在植株下方较低的位置开始向上节节开花，盆栽和地栽的效果都很出色。花色柔美，无论是只开一朵还是开满整株都可以展现出丰富的色彩变化来。

'爱丁堡公爵夫人' *C.'Duchess of Edinburgh'* ✳ ◈ ★

分类（开花习性）： 早开大花组（新旧）。

开花特性： 反复开花（弱）。

开花时期： 5月上旬至10月。

枝条长度： 1.5～2.5m。

花朵直径： 10～15cm。

花色： 初开时略带绿色，之后逐渐转为纯白色。

特征： 这是多年来广受喜爱的白色重瓣花中的代表性品种。开花过程中颜色逐渐变化，非常迷人。这是既适合盆栽也适合地栽的品种，是适合新手栽培的易打理品种。这个品种的二茬花也会开出非常完整的重瓣花。

'麦克莱特' *C. 'Mikelite'* ✤ ◈ ★

分类（开花习性）： 意大利组（新）。

开花特性： 反复开花（强）。

开花时期： 5月中旬至10月。

枝条长度： 2～2.5m。

花朵直径： 7～10cm。

花色： 近于黑色的深紫红色。

特征： 整株开出深紫色的绝美花朵，在骄阳的照射下更显魅力出众。从植株的较低位置开始萌发花芽，非常利于造景，是人气很高的品种。

'流星' *C. 'Ryusei'* ✤ ◈ ★

分类（开花习性）： 全缘组（新）。

开花特性： 反复开花（强）。

开花时期： 5月中旬至10月。

枝条长度： 1.5～2m。

花朵直径： 7～10cm。

花色： 浅紫色并带有深紫色斑点。

特征： 开出的花朵仿佛是银灰色的，色调完全有别于其他品种。这个品种的叶柄不易相互缠绕，非常方便牵引。推荐栽种在拱门的下方，这个品种的开花期便于在造景搭配时与玫瑰的开花期配合在一起。

'藤娘' *C.'Fujimusume'* ✽ ♦ ★

分类（开花习性）： 早开大花组（新旧）。

开花特性： 反复开花（强）。

开花时期： 5月上旬至10月。

枝条长度： 1~2m。

花朵直径： 12~15cm。

花色： 清爽的蓝色。

特征： 花朵初开时呈天空蓝色，之后蓝色逐渐变浅。在植株下方较低的位置开始坐花，株型紧凑。枝条较粗壮，侧枝上也会坐花，是世界闻名的日本代表品种。

'贝蒂康宁' *C.'Betty Corning'* ✽ ♦ ★

分类（开花习性）： 意大利组（新）。

开花特性： 反复开花（弱）。

开花时期： 5月下旬至10月。

枝条长度： 2.5~3m。

花朵直径： 4~6cm（花长5~6cm）。

花色： 清爽的薰衣草蓝紫色。

特征： 这是花色因日照变化而有微妙变化的水粉色效果，人气品种。生长旺盛、节节开花，在开花最盛期时仿佛彩蝶飞舞一般，煞是可人。这个品种有着铁线莲中少有的芳香气味。

用花盆种植也可以开出美花的铁线莲

只要有花盆，就可以在阳台或花园中实现各种搭配摆放铁线莲的方式。
只要用心可以打造出多种不错的欣赏方式。

'月光'等常绿组铁线莲如果不加支柱还可以打造出垂吊效果，颇有自然清新的气息。

常绿组的铁线莲不喜过湿的环境，通常盆栽比地栽效果更好。

盆栽有较好的自由度

如果你是铁线莲新手，可以先从盆栽开始。通过盆栽不仅可以把植株养壮，还有利于掌握这种植物的特征和栽培技巧。

盆栽有如下优点：

（1）可以确认品种的特性

每个铁线莲品种的枝条伸展长度等特性是不同的，盆栽可以使你在地栽前心里有数。

（2）移动方便

既可以在开花期间放在门口，也可以过了花期就放在后院。便于根据花期和日照、季节等条件移动花盆。

（3）可以先模拟搭配

将花盆摆放在准备栽种铁线莲的地点，尝试铁线莲与玫瑰月季或其他草花的组合盆栽，在盆栽的状态下确认搭配效果。

（4）没有土地的地方也可以观花

在阳台或其他没有土地的地方，占用很小的空间就能欣赏美花了。

（5）资材考究

选择花盆和搭配花架等的设计过程也乐趣无穷。

（6）可以大面积开花

用花盆栽培的情况下，根系的可伸展空间有限，无法像地栽那样令枝条充分伸展，但如果用较大的花盆栽种，也可以开出很大一片花来。

盆栽状况下要注意用心养护。根据植物的状态适当给水施肥是必不可少的。

在开满白色藤本月季'晨曲梅地兰'的木廊前面摆放紫色铁线莲'紫子丸'盆栽，并在深处放置盆栽意大利组铁线莲'晨天堂'。正值花期的盆栽成为花园的亮点。有些枝条伸展得比较长的品种也可以直接搭在旁边的物件上。

以地栽的铁线莲'浪子'为背景，搭配同期开花的盆栽'皇室'，相映成趣，令人百看不厌。

'蓝珍珠'等一些中花和大花品种也可以打造出垂枝效果。

'星之探戈'等品种长成成株后会开得盆满钵满，可以结合背后的风景搭配出自己独特的效果来。

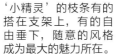

'小精灵'的枝条有的搭在支架上，有的自由垂下，随意的风格成为最大的魅力所在。

把'皮特里'
种在吊盆里，
让枝条自然垂
下来，打造别
样风情。

在树下摆放'银币'
的盆栽，为花坛增添
不少高雅气质，花
期后可以移到不显
眼的地方休养生息。

盆栽定植（两年生苗）

　　建议定植时间为9～11月或2月～6月。要选择不低于两年的苗。盆土可以自己调配，也可以直接选购专用土，定植时要注意深埋1～2节，且不要忘记加足底肥。

准备

　　两年生苗（这里为'紫子丸'）、花盆（比较结实且盆底有孔的，比花苗的原盆大1～2圈）、配土（在市场购买或参考第18页）、肥料（底肥专用的类型）、钵底石（可以不用）、钵底网（可以不用）。

1 在花盆底部放上钵底网并铺适量钵底石。

2 加入配好的土。

3 将盆土量调至埋入1～2节枝条的高度。

4 去掉土坨上腐烂的根等。

5 加入底肥并加入盆土到离花盆边稍有距离的高度。作为浇水时的蓄水高度。

6 摇动花盆，使根系间填满土。

7 充分浇水至盆底孔流出水为止。

其他注意事项

　　要记得插上标签，免得忘记具体品种名。如果在地栽之前先盆栽养护一年会更容易出效果。

盆栽的配土

　　配土可以购头市场上销售的营养土，如果能买到铁线莲专用土就更好了，盆土好一些种植效果就能好很多。加入钵底石有助于提高排水性。

土
建议选用铁线莲专用土，不要购买便宜的劣质土。

钵底石
市场上应该可以买到各种各样的钵底石，如果放入网袋中使用的话，可以方便之后取出再利用。

盆栽翻盆（换盆）

除了盛夏季节以外都可以换盆，最好是在休眠期（12月至次年2月）。换大1～2圈的花盆，一定要深埋1～2节枝条，不要忘记加入底肥。

准备

三年生以上的植株（这里为'晨天堂'）、花盆（比较结实且盆底有孔的，比花苗的原盆大1～2圈）、配土（在市场购买或参考第18页）、肥料（底肥专用的类型）、钵底石（可以不用）、钵底网（可以不用）。

1 适量加入已充分搅拌好的配土。

2 从原花盆里小心取出土坨，去掉烂根及散土等。

3 调整土面高度使苗深埋1～2节枝条。

4 放入掺好底肥的配土，留出浇水时的蓄水高度。

5 充分给水至盆底孔流出水来为止。

枝条固定方法

在种植铁线莲时都要进行相应的牵引，这个作业比较烦琐，可以把绑带先固定在支架上，以减少每次反复拆绑的麻烦。

1 预先把绑带拧在支架上。

2 枝条从绑带之间穿过。

3 用绑带呈"8"字形固定。

4 这样可以不伤枝条且轻松完成固定。

铁线莲的组合盆栽

铁线莲既可以种在地里自然群生，也可以种在花盆中就近欣赏。
如果与其他植物组合搭配起来，又别有一番景致，这里介绍一些组合实例。

金子明人

与各种植物搭配起来

所谓组合盆栽，就是在一个花盆中将各种植物栽种在一起，通过各种组合打造出不同的景致。一盆颇具存在感的组合盆栽常常成为花园或阳台上的亮点。

有人说铁线莲比其他植物的根系弱，不适合组合盆栽，但实际上还是可以尝试组合盆栽的。在铁线莲不开花时可以主要欣赏组合中的其他植物，通过立体式组合可以开发出很多创意，增添园艺的乐趣。

在用铁线莲进行组合盆栽时需要注意，由于铁线莲根系的再生能力比较弱，所以最好在花盆中加入隔板，把铁线莲的根部与组合的其他植物根系隔离开来。

另外，大多数铁线莲为藤本植物，需要牵引在支架上，所以开花位置比较高，在搭配植物的时候要考虑这个因素以兼顾整体效果。

在利用铁线莲做组合的时候要选择开花性好、枝条不过于疯长的品种，以新枝开花的为宜。和它搭配的植物也要注意生长特性，尽量让所有的植物都能接受到光照。

组合盆栽制作：宫泽桂子

用立体花架牵引成垂枝效果。照片中的搭配为：铁线莲'艾米丽'，姬小菊，马鞭草'韦诺萨'，风轮菜。

铁线莲无法完全遮挡支架，所以在支架的搭配上也用了些心思。照片中为轻灵高贵的铁线莲'恭子小姐'与观叶植物矾根、多毛灰雀花、千叶兰组合在一起的效果。

将枝条简单粗略归拢起来，营造出别致的效果。支架上的是铁线莲'凯瑟琳·克兰威廉姆'（深粉色）和铁线莲'美女米妮'（浅粉色），在下面用倒挂金钟、香彩雀、赛亚麻、马蹄金、玫红小檗等遮挡根部。

把几个品种的铁线莲组合起来，可以展现出丰富的变化。如果要把不同品种的铁线莲组合起来，需要首先考虑的设计因素是希望同时开花还是错开花时期。照片中组合起来的是铁线莲'珍妮'（蓝色）、铁线莲'白色查尔斯王子'、矮牵牛、蓝花鼠尾草、臭茜草、素馨（斑纹）。

组合盆栽并不难

　　在制作组合盆栽时，只要注意将铁线莲的根系与其他植物隔离开，之后基本就不需要特别打理了。但如果使用的花盆过小，可能会影响铁线莲的生长，所以要选用花盆直径不小于30cm的大花盆。

　　与铁线莲搭配的植物最好选择喜干不喜过湿的植物。由于在同一花盆里养护，所以最好选择所需环境相似的品种，这样可以省去很多打理的精力。

　　铁线莲的花苗需要深埋，且每2～3年翻一次盆。建议不要选择植株会长得很大的旧枝开花品种，而是选用可以反复开花的新枝开花品种。

　　要充分考虑花偏大的主角草花与花较小的配角花、观叶植物等的搭配效果。如果搭配一年生草花则需要在花谢后更换其他花苗。

准备

　　这里用铁线莲的开花株来制作组合盆栽。

　　花盆、花架、营养土、钵底石（最好装在网袋中）、分隔板（任何材料）、绑带、名签、铁线莲'新星'、迷你小玫瑰'甜蜜马车'、蔓马樱丹、香彩雀、矾根、薹草、网纹草。

1 放入有助于排水的钵底石。

2 放入适量配土。

3 加入分隔板。

4 将枝条从支架上小心拆下来，注意不要折伤枝条。

5 调整盆土的量。

6 从原花盆中小心脱出土坨，移入大花盆中。

7 铁线莲要注意深埋。

8 小心插入花架，注意不要伤到根系。

9 将枝条简单固定在花架上。

10 适当调整盆土的量。

11 栽入草花。

12 可以稍挤一些。

13 如果草花的根系盘结得比较多，可以将下面的根稍微去掉一些。

14 往缝隙里加满土。

15 在铁线莲一侧的缝隙里也加满土。

16 用手指轻压盆土，避免伤到根系。

17 仔细牵引铁线莲的枝条。

18 插入名签，充分给水至花盆底孔流出水来。

组合盆栽重整

组合盆栽可以不断更替新的搭配草花，常换常新。在每次更换时最好使用预先掺好底肥的花土，注意保持土壤肥力。并且最好每3年进行一次整体翻盆。

1 进入初冬时节，这个组合盆栽里的迷你小玫瑰、一年草花等都已经开完花。

2 修剪迷你玫瑰，去除草花的枯叶等。

3 去除玫瑰的叶子以预防黑星病。

4 将已经开过或干枯的草花连同根系和周围的土一起挖出。

5 加入已经掺好底肥的配土，并栽入新的三色堇花苗。

6 用手指等将盆土压实。

7 充分给水后就完成了过冬的组合盆栽，还可以挂上些小装饰。

基本配土

如果自己配土，可以参考这个配比。同时也可以用于花园中的土壤改良。

赤玉土（小粒）
这是筛出的较细粒介质，排水性、保水性、透气性、保肥性都较好。

赤玉土（中粒）
通常大多使用小粒，但如果想要提高排水性则可以适当掺入中粒后再使用。

鹿沼土
保水性及透气性好。这是一种酸性的轻石，所以基本没有杂菌。

土壤改良材料

这里介绍用于改良花园土壤的配土。

堆肥
由动物粪便及树皮等发酵腐熟而成的有机物。有助于土壤形成团粒结构。

腐叶土
由落叶发酵腐熟而成的有机物。透气性、排水性、保水性好。

腐叶土（不好的示例）
如果叶子等还没有完全腐熟，则有可能对植物根系造成不良影响。

肥料

肥料是必不可少的。肥料有作底肥和作追肥使用的，使用前要辨明其具体用途。

有机肥料（颗粒状）
来源于动物或植物原料，含有微量元素。通常是撒开施用。

有机肥料（块状）
放置在稍远离根部位置的地方使用。

骨粉
经加热处理而成，富含磷和钙质。主要当作地栽时的底肥使用。

饼肥
富含氮、磷、钾的优质肥料。主要当作地栽时的底肥使用。

配土混合

如果使用较好的配土，则栽培效果也会很好。需要均衡混合配土。

基本的配比为:赤玉土（小~中粒）:鹿沼土（小~中粒）:腐叶土=4:3:3。可以加入适量的底肥专用有机肥料。

1 掌握好相应的比例分量。

2 反复、充分搅拌。

3 最底部和角落里的土也充分拌匀。

4 完成。

18

最适于盆栽的
铁线莲图鉴

这里介绍种在花盆中不会疯长，从枝条比较低的位置就开始坐花的品种。

除此以外还有：
'点滴爱恋''天使的首饰''小精灵''藤娘''恭子小姐'

'爱莎' *C.'Asao'* ✳ ♦ ★

分类（开花习性）： 早开大花组（旧）。

开花特性： 反复开花（弱）。

开花时期： 4月下旬至10月。

枝条长度： 2~2.5m。

花朵直径： 12~15cm。

花色： 不透明的粉红色向花心渐变为白色。

特征： 非常具有和风情致，是广受世界各地爱好者青睐的著名日本品种。植株强壮时可开出半重瓣花。株型较紧凑，非常适合盆栽或栽种在较小的空间处。

'凯瑟琳·克兰威廉姆' *C.'Catherine Clanwilliam'* ✳ ♦ ★

分类（开花习性）： 德克萨斯组（新）。

开花特性： 单季开花。

开花时期： 5月下旬至10月。

枝条长度： 2~3m。

花朵直径： 5~7cm。

花色： 深粉紫色，花瓣外缘变浅。

特征： 花朵初开时为郁金香形，之后徐徐平展。在日照下花色尤显娇艳。植株从低位起萌出花芽，枝条伸展状况好，可以很方便地牵引在花格篱笆上。

'神秘面纱' *C.'Night Veil'* ✻🍃★

分类（开花习性）：佛罗里达组（新旧）。

开花特性：反复开花（强）。

开花时期：5月中旬至10月。

枝条长度：2~3m。

花朵直径：7~9cm。

花色：深紫色花瓣上稍带白色中筋。

特征：紫色的花心搭配整体花色非常协调的中型花，能打造出成熟高雅的风情。枝条柔细、长势好，节节开花，花朵如轻舞纱裙，很是迷人。可以松松地牵引在立体花架等处，打造大气优雅的效果。

'琉璃' *C.patens 'Ruriokoshi'* ✻🍃★

分类（开花习性）：早开大花组（旧）。

开花特性：反复开花（弱）。

开花时期：4月下旬至10月。

枝条长度：1.5~2.5m。

花朵直径：8~10cm。

花色：浅紫色，花瓣带黄绿色中筋。

特征：据说是原生风车莲的选育品种，营造出自然柔美的氛围。这是重瓣花中颇具个性的品种，花朵大小适中，花形类似大丽花，是花瓣层数偏多的品种。株型相对紧凑。

'天空' *C.'Tenku'* ✻🍃★

分类（开花习性）：早开大花组（旧）。

开花特性：反复开花（弱）。

开花时期：5月上旬至10月。

枝条长度：1.5~2.5m。

花朵直径：10~13cm。

花色：浅紫色，花瓣带黄绿色中筋。

特征：花朵不是很大、颜色偏浅，营造出低调柔美的氛围。虽然是重瓣品种，但开花并未显得过于厚重，传递出独有的气质。可以盆栽或牵引在立体花架上，营造出大气高雅的氛围来。

'皮特里' *C.'Petriei'*

✳ ◆ ★

分类（开花习性）：常绿组（旧），野生品种。

开花特性：单季开花。

开花时期：3月中旬至4月。

枝条长度：0.7~1m。

花朵直径：2~3cm。

花色：稍带黄色的绿色。

特征：仿佛镶满小星星般整株开满可爱的小花，盛花期时可以闻到阵阵香气。也可以不搭支架，打造出垂枝的效果。叶片独特，颇具观赏价值。尤其适合盆栽，在日本关东以西的平原地带可以户外露地越冬。

'艾米丽' *C.'Emilia Plater'*

✳ ◆ ★

分类（开花习性）：意大利组（新）。

开花特性：反复开花（新）。

开花时期：5月下旬至10月。

枝条长度：2.5~3m。

花朵直径：7~9cm。

花色：稍带粉色的亮浅紫色。

特征：多花品种，是定植数年后可以覆盖全株的美花。花朵大小适中，在开花最盛期也可以保持很好的协调感，不会显得过于厚重。这个品种的花色很容易与其他品种搭配起来。

'新星' *C.'Rising Star'*

✳ ◆ ★

分类（开花习性）：全缘组（新）。

开花特性：反复开花（强）。

开花时期：5月中旬至10月。

枝条长度：1.5~2m。

花朵直径：7~9cm。

花色：沉稳的暗紫红色。

特征：花色偏深，在初夏的骄阳下尤显别致。花朵朝着横向稍偏上的方向开花，随着花瓣的展开会呈现出扭转的动感效果。这个品种的叶柄不易相互缠绕，易于牵引打理。

'白色查尔斯王子' *C.'White Prince Charles'* ☀ ◗ ★

分组（开花习性）： 晚开大花组（新旧）。

开花特性： 反复开花（强）。

开花时期： 5月下旬至10月。

枝条长度： 1.5～2.5m。

花朵直径： 6～10cm。

花色： 白色。

特征： 花朵初开时为浅紫色，之后逐渐变白，色彩变化增加了赏花的情趣。花朵大小适中，枝条伸展的过程中节节开花。这个品种的花色很容易与其他品种搭配起来造景。

'面白' *C.'Omoshiro'* ☀ ◗ ★

分类（开花习性）： 早开大花组（旧）。

开花特性： 反复开花（弱）。

开花时期： 5月上旬至10月。

枝条长度： 1.5～2m。

花朵直径： 12～15cm。

花色： 浅粉色花瓣，从花瓣中筋到花瓣边缘及花瓣背面为粉紫色。

特征： 非常精致的和风花朵，变化丰富、美妙绝伦。多花品种，在前一年充分生长的枝条上开花。非常适合安排在较小的空间里，在近处细细欣赏。

在狭小空间里可以搭配花架
尽情绽放的铁线莲

由于铁线莲的藤本特性，它可以在很小的空间里展现很大的魅力。
在纵向立体的空间中能展现出各种可能性，稍加用心就可以打造出非常别致的景致来。

让'尼欧碧'缠绕在花园的树木上，让铁线莲与玫瑰、草花争芳斗艳。

小空间也可以赏美花

铁线莲没有刺且枝条柔软，非常适合安排在经常通过的地方或比较窄小的地方。

可以直接搭在围栏、藤架等现成的物件上，也可以缠绕在立体花架或树上，或是牵引在拱门上（可以仰头观花），只要把枝条牵引过去，哪里都可以开花。用大花盆栽种也完全没问题。

但在这种情况下，需要选择不过于疯长的品种，开始的时候不要把空间种得过满。

在比较狭窄的地方需要注意保证充足的光照。这种地方多为半日遮阴的状态，所以植株生长可能会相对缓慢一些。而且如果日照不够可能影响复花，所以可以直接选择单季开花的品种。还要注意花后修剪不要剪得过多。

把'罗曼蒂克'的枝条松松地绕在立体花架上，让盛开的花围绕在花架周围，营造出仿佛蝴蝶飞舞的效果。

使用立体花架将几种铁线莲结合起来。近处为'泰卡斯'，远处为'杜比萨'等品种。

即使地方很小，只要有充足的阳光，就可以打造铁线莲花境。这里的品种为'魔法喷泉''美佐世'等。

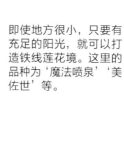

开出美丽的蓝色花的'维尼莎'与花园里的树一起打造出颇具立体感的景致，与玫瑰'佩内洛普'相映成趣。

在小花坛里用竹竿搭出一处小栅栏，颇具和风效果。这里的白色花为'小白鸽'，深处的蓝色花为'小巴斯'。

这一处小景冬季时的状态。在铁线莲的下面栽种草花，期待初夏的绚烂。

木制围栏与铁线莲的搭配效果也很好。这里用'美好回忆'与木围栏搭配起来，打造出花园中的艺术品。

在花架上牵引

1 方尖碑式的立体花架非常适合铁线莲。

2 每周牵引1次，使枝条平衡分散在支架的各处即可。

3 将枝条以螺旋方式牵引，有助于开花。

4 如果枝条过长而超出花架，也可以反向（向下方）牵引。

5 '紫子丸'开花。花朝向各个方向，仿佛一幅画作。

花后修剪与施肥

　　一些可以反复开花的品种，建议在花后尽快修剪。放置在日照好的地方进行管理，适量施肥。修剪后将枝条牵引到想要开花的地方，则30～45天后就会开第二茬花。第三茬花也是用同样的方法。

1 如果开花后想要欣赏种荚，则不用做特别处理。

2 将开过花的部分剪掉。

3 如果是照片中这一株，则剪到一半的高度。

4 修剪后的开花量及开花时期因品种和环境不同会有所差别。

5 适量施肥。

6 施肥后充分浇水至盆底孔流出水来。

※ 休眠期间把旧枝开花品种的往年枝条盘在较低的位置。

适合种植在狭小空间的
铁线莲图鉴

介绍铁线莲中不会过于疯长、植株比较强健的品种。

除此以外还有：
'卡罗琳''爱丁堡公爵夫人''贝蒂康宁''玛丽亚·柯尼亚'

'寺泽' *C. 'Terasawa'* ✳ ◆ ★

分类（开花习性）： 早开大花组（旧）。

开花特性： 反复开花（弱）。

开花时期： 5月上旬至10月。

枝条长度： 1.5~2.5m。

花朵直径： 12~15cm。

花色： 清爽的蓝色，花瓣带有浅色中筋。

特征： 因光线条件的不同而呈现不同的颜色变化，偏圆形的花瓣相互重叠在一起形成很规整的花形。从植株的低位就开始开花，适合盆栽，同时，与立体花架或平面花格的搭配效果也很好。

'马祖里' *C. 'Mazury'* ✳ ◆ ★

分类（开花习性）： 早开大花组（新旧）。

开花特性： 反复开花（强）。

开花时期： 5月中旬至10月。

枝条长度： 2~3m。

花朵直径： 12~14cm。

花色： 浅紫色，花瓣尖端略带红色。

特征： 其清爽的色彩在初夏时节非常可人。枝条伸展状况好，植株强健易打理。如此大的重瓣花实属少见，而且这个品种节节开花，反复开花性强。

'巴克兰美女' *C.'Buckland Beauty'* ☀ ◆ ★

分类（开花习性）：尾叶组（新）。

开花特性：反复开花（强）。

开花时期：5月中旬至10月。

枝条长度：2~3m。

花朵直径：2~3cm（花长2.5~3cm）。

花色：紫红色带光泽。

特征：较大的铃铛型花朵，颇具存在感。气质高雅，枝条伸展的同时节节开花，是多花品种。在植株的低位也会萌发花芽，非常适合种植在较小的空间里。

褐毛铁线莲 *C.fusca* ☀ ◆ ★

分类（开花习性）：尾叶组（新）。

开花特性：反复开花（强）。

开花时期：5月中旬至10月。

枝条长度：2~3m。

花朵直径：2~3cm（花长2.5~3cm）。

花色：近于黑色的深紫色。

特征：表面覆有细毛的铃铛型花，初开时近于黑色，之后逐渐紫色加重。枝条伸展的同时节节开花。在植株的低位也会萌发花芽，非常适合种植在较小的空间里。

'维克多·雨果' *C.'Victor Hugo' = 'Evipo 007'* ☀ ◆ ★

分类（开花习性）：全缘组（新）。

开花特性：反复开花（强）。

开花时期：5月中旬至10月。

枝条长度：1.5~2m。

花朵直径：7~10cm。

花色：稍带红色的深紫色。

特征：颇具成熟高雅感的中等大小花朵，多花，节节开花。叶柄不易相互缠绕，方便在各种条件下牵引造景。

'总统' *C.'The President'* ✽◈★

分类（开花习性）： 早开大花组（新旧）。

开花特性： 反复开花（强）。

开花时期： 5月上旬至10月。

枝条长度： 2~3m。

花朵直径： 13~17cm。

花色： 蓝紫色。

特征： 蓝紫色系名花。长型花瓣边缘稍带波形褶皱，是存在感颇强的大花品种。多花品种，侧枝也会坐花，开花百看不厌。枝条粗壮，推荐新手种植。也很适合作鲜切花。

'茱莉' *C.'Juuli'* ✽◈★

分类（开花习性）： 全缘组（新）。

开花特性： 反复开花（强）。

开花时期： 5月中旬至10月。

枝条长度： 1.5~2m。

花朵直径： 7~10cm。

花色： 稍带粉色的蓝紫色。

特征： 生长旺盛、多花。叶柄不易相互缠绕，方便牵引。既可以在较小空间中的花格或立体花架种植，也可以不加支柱而直接覆盖在地面上。

'爱德华·安德烈夫人' *C.'Madame Édouard André'* ✽◈★

分类（开花习性）： 晚开大花组（新旧）。

开花特性： 反复开花（强）。

开花时期： 5月中旬至10月。

枝条长度： 2~2.5m。

花朵直径： 10~12cm。

花色： 不透明的紫红色花瓣上带有细小的斑点。

特征： 花瓣颜色与黄色花心的搭配效果非常协调，打造出沉稳高雅之美。花瓣形状瘦长，花形简约，花朵大小适中，坐花状况好，在很多场景下都可以营造出非常雅致的效果。

'米卡拉' *C.'Mikla'* ⁎ ◆ ★

分类（开花习性）： 晚开大花组（新旧）。

开花特性： 反复开花（强）。

开花时期： 5月中旬至10月。

枝条长度： 1.5~2m。

花朵直径： 11~14cm。

花色： 白色花瓣上带有浅红色和绿色混色的中筋。

特征： 花瓣精致且颜色搭配绝妙。开花自然清新，很容易与其他品种搭配起来造景。植株紧凑，适合盆栽或安排在较小的空间中。

'紫子丸' *C.'Shishimaru'* ⁎ ◆ ★

分类（开花习性）： 佛罗里达组（新旧）。

开花特性： 反复开花（强）。

开花时期： 5月中旬至10月。

枝条长度： 2~3m。

花朵直径： 9~12cm。

花色： 从花心向外紫色逐渐加深。

特征： 花朵初开时叶色较浅，随着花瓣不断展开，颜色也不断加深。植株强壮的状态下开花非常惊艳，在植株较低的位置也会萌发花芽，枝条伸展状况好，在较小的空间也能有很出色的表现。

在窗边或墙面开花的
铁线莲

在窗边或花园里种满铁线莲的话可以打造出非常绚丽的景致。
可以借用扶手、铁丝、金属网等让铁线莲在其上伸展枝条。

'麦克莱特'的深紫色花与白色原种蔷薇
'莫里卡尼'相互映衬。还可以利用蔷薇
的枝条，让美花围绕在窗边。

大面积开花

如果用于窗边或墙面上的大面积覆盖，可以选择枝条伸张能力强、生长旺盛的品种。特别是在枝条上节节开花的品种尤为适合。

可以支起金属网或找到可以把铁线莲的枝条牵引上去的窗户、围栏等，并通过枝条可能生长的长度推算出栽种位置来。

对于一些反复开花的品种（新枝开花和新旧枝开花），在春季到初夏之间，建议以每周1次的频率牵引枝条。

不用特别纠结细节，只要把枝条牵引到想要开花的地方即可。但如果放任不管，枝条可能会彼此纠缠在一起，只集中在一处开花。

如果种在窗边，则可以营造窗户被花包围起来的效果，把枝条牵引在窗户周围。如果这里分别从窗的两侧牵引两个品种的铁线莲，则更显豪华。

如果想要在某个位置开花，可以把已经有成形花苞的枝条牵引到这个位置来。

春季开花后，将枝条修剪掉一半左右，从植株底部起把枝条分开一定距离，之后会再度开花。但二茬花和之后的开花状况会因品种及环境不同而有所差异。特别是在花园中有很多不可控的因素，所以不要强求，也许就会有惊喜。

而对于一些单季开花的品种（旧枝开花），应在休眠期时对上一年新长出的枝条进行牵引。开花前要尽量避免枝条相互纠缠在一起。开花后可以观赏种荚，也可以把残花修剪掉。

'罗曼蒂克'是一株能开满墙的优秀品种。要注意保证充足光照，施足肥料。前面搭配的藤本月季为'蓝色漫步者'。

在墙面上以 15cm 的间隔拧入螺丝，再拉上铁丝，如果担心墙面受损，可以将拧过螺丝的孔周围做一些填补。

'粉色梦幻'与上图中的'罗曼蒂克'的花期错开。注意不要让枝条相互纠缠在一起，把新长出来的枝条牵引到较空的位置。

'蓝天使'的蓝色是月季中没有的颜色，在墙面上与月季'芭蕾舞女'搭配在一起，可以充分显现出铁线莲的特色。

在墙边放置大间隔的格架，让'幻紫'自由缠绕在上面，营造出轻松随意的氛围来。如果不想伤墙面，可以试试这种方式。照片中搭配的月季为'索尼亚·里基尔'。

在墙体的前面设置花格，让铁线莲整个攀爬上去。对于'约瑟芬'等旧枝开花的类型（开花习性为新旧枝开花）来说，如果在花后让枝条充分增长，就可以打造出如此惊艳的效果来。需要确保足够光照和肥料。右下的铁线莲品种为'艾尔莎·思佩斯'。

在墙面上钉上钉子，并拉上铁丝，让'小鸭''卡娜瓦'等几个品种爬上去，将植株间隔控制在50cm左右可以有效保证植株的生长。如果把种植铁线莲和玫瑰的地点分开，则比较方便养护。在房檐上的玫瑰品种为'保罗的喜马拉雅麝香'。

6月上旬时的状态。用盆栽铁线莲也可以让窗边和墙面开满铁线莲，打造梦幻空间。近处的蓝色花为'小男孩'，远处的红色花为'前卫'。

窗边、墙面的牵引方法

　　窗边或墙面这些不太好利用的地方正是铁线莲大显身手的场所。铁线莲没有玫瑰那么多的刺和病虫害，打理方便，建议多多采用。即使是盆栽也能打造出魅力四射的风景。盆栽的要点是注意定期施肥。

　　最好在栽下花苗之前，在想要牵引铁线莲枝条的地方拉铁丝或设置金属网格等。

　　早春时节，在枝条伸展时随时牵引。刚出芽的时候比较弱，所以最好在枝条长出 3 ~ 5 节左右、有了一定韧性后再开始牵引。如果是在墙面，则让枝条分散在墙面各处，如果是在窗边，则需要仔细牵引在窗口周围。

　　铁线莲还可以根据花的大小、花形、花色等进行各种组合，比单株栽种更富变化。

墙面上红色的花是'前卫'，
白色的是'杰克·阿里巴'，
紫红色的是'小蝴蝶'。

35

新枝开花类型的牵引

新枝开花类型主要是指在当年新长出的枝条的节间或枝梢开花的类型。通常这些品种都是每年春天从地里发出新枝，基本不用担心冬季修剪的问题。

1 在新芽萌动之前定植，做好牵引的准备。

2 记得放好品种名标签。

3 3月份时的状态。这时为出芽时期，要进行春季修剪及牵引。

4 剪除没有出芽的枝条和干枯的枝条。

5 牵引开始伸展的枝条，修剪时从状态最好的芽上方剪断。

6 一些枯枝等可能会变成病虫害的温床，需要尽量去除掉。

7 调整后的植株只保留长势强壮的枝芽。

8 4月中旬的状态。这时要用心养护，保证充分给水等。

9 每周做1次牵引，将枝条引导到你希望的位置。

10 四五月份时枝条长势旺盛。

11 4月末的状态，枝条已经长得很长了。

12 如果窗外没有栏杆等，也可以拉上铁丝辅助。

13 把枝条分散在各处填满空隙。

14 呈"8"字形扎园艺绑带，这样不易伤到枝条。

15 如果枝条伸展得过高，可以向下方牵引。

16 让枝条呈放射状盖满墙面。

17 到5月中旬时将长出花苞的枝条牵引到想要有花的地方。

18 6月上旬开花，如果植株强壮则开花持续时间长，几个品种的开花期有可能配合起来。

19 7月上旬花期结束，如果希望复花的话需要进行花后修剪。

20 把开过花的枝条部分剪掉。

21 去除枯枝。适当去除过多的枝条以拉开枝条间隔。

22 修剪后适当施肥。

23 修剪后的状态。按照相同的方法牵引。

24 一些品种的第二茬花及之后的开花量会少于第一茬花的开花量。

25 8月中旬开第二茬花。

26 经修剪施肥后可以开第三茬花。

把剪下来的'小男孩'随意插起来装饰在窗边。

在复古风格的喷壶里插上'麦克莱特''查尔斯王子'等品种。

专栏

整理修剪下来的花

　　修剪下来的枝条可以拿来插花。

　　通常认为铁线莲因为有侧枝，所以水分蒸发量比较大，可能导致吸水状况不如人意。

　　将多余侧枝剪下来后，马上用剪刀柄之类的硬物把这些枝条底部打散，增加吸水面积，可以有利于吸水。而且可以把花朵以下的部分先浸在深水里30分钟左右再插，也非常有效。

　　插花时可以将多种铁线莲结合起来，丰富花色和花形，搭配起来更有魅力。

专栏

观赏性很强的铁线莲种荚

　　常见的植物观花后结出的种子没有什么观赏价值，而且结种会损失植株的气力，所以通常不建议让植株结种。

　　但是，铁线莲的种子非常有个性，具有很好的观赏价值，所以可以在修剪时有意识地保留一些残花，用于观赏种荚。

　　这种情况下一定要选择体力比较强壮的植株。

　　特别是早开大花组、长瓣组、华丽杂交组、唐古特组、卷须组的种子会有非常好的表现。不过有的品种的种子观赏价值并不突出。

充满个性的铁线莲种荚为花园添彩。

27 8月中旬，修剪掉开过花的部分。

28 剪掉枯枝和过多的枝条以调整到合适的间隔。

29 用麻绳整体固定。

30 完成修剪的状态。开花前随时牵引。

31 10月上旬。开第三茬花，但花量偏少。

翻盆

如果已经在使用盆径超过30cm的大盆栽铁线莲，则不太可能再无限制地增加花盆的大小，只能用同样大小的花盆进行翻盆。如果无法确定植株的品种，则可以在翻盆时保留一些枝条，待春季发芽后再具体判断。

1 休眠期。粗略修剪。

2 保留一些枝条，用绳子绑起来。准备一些配土和肥料。

3 可以看到根系密布盘结，土壤已经被消耗殆尽了。

4 轻敲土坨，去掉腐烂的根。

5 用水将旧的盆土清洗掉。

6 去掉受伤的根及下部的根。

7 深埋植株，并将配土加到根系深处。

8 加底肥。

9 充分浇水直至盆底孔流出水。

5月上旬开花。早开大花组的'满洲黄'等品种与和风花园非常和谐。

冬季修剪、牵引，
减少春季打理的工作量

对于早开大花组等旧枝开花的品种来说，如果做好早春的修剪和牵引，则在开花前无须过多打理，基本可以按照预想的状态开花。

把枝条从支架上拆下来并同时修剪，将叶柄剪掉，枝条稍有弯折也不用担心。

修剪时从枝条上方开始确认新芽的状况，找到膨胀较大的芽，将其上面的部分剪掉（轻剪）。

完成所有枝条的修剪后按照主枝的顺序，在平面花格上呈"S"形牵引，或在立体花架上呈螺旋状牵引。将枝条控制在花格或花架的 1/2 ~ 2/3 高度上，一般是从前一年的枝条上长出 3 ~ 5 节开花，可以大体预计出开花的位置。

在新芽萌动到开花期之前的牵引，基本上维持枝条不互相缠成一团即可。

花后剪去残花。

芽及茎的分辨方法

选枝条上方膨大得最明显的芽，在这个芽的上方从节中间的位置修剪。

如果从芽的状态分辨不出来，则剪到枝条切口为绿色的位置即可。

1 2月时的状态。最好在 2 月至 3 月上旬尽早进行修剪。栽培在日照充足的地方并给足肥料的话有助于枝条强壮。

2 找到枝条上方膨大得最明显的芽，从这个芽上方的节的中间修剪掉上面的枝条。

3 剪掉缠在枝条上的叶柄。

4 拆下所有枝条。

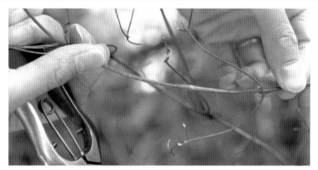

5 枝条稍有弯折不影响正常作业。

6 把所有枝条都从支架上拆下来。

7 将枯枝和发育不良的枝条从底部剪除。

8 用园艺绑带呈"8"字形固定枝条。

9 使枝条按照"S"形走向仔细牵引。

10 把多出的枝条斜向牵引，以打造出变化来。

11 适量施足有机肥料。

留出空间

12 完成。留出上方 1/3 左右的空间，将春天伸展的枝条适当牵引到想要开花的位置。开花后剪掉残花。之后直到入冬前都只需要偶尔剪掉枯枝枯叶及整理伸出过长的枝条即可。

让蒙大拿尽情绽放

蒙大拿铁线莲生长旺盛，但不太适应高温多湿的环境，在江浙以南的地区即使能勉强度夏，也会在栽种4~5年后枯萎。

但其春季里全株开满可爱小花的样子实在惹人喜爱，所以在温热地区如果能直接把它当成只有四五年寿命的宿根花卉，倒也是不错的选择。由于这类品种生长非常旺盛，所以即使只是四五年的时间，却能带来让人为之陶醉的胜景。

这类的修剪参照单季开花（旧枝开花）的方法。

在用枕木制作的木格子上开满'斯普奈丽'，打造出美丽的报春围栏。

'伊丽莎白'等蒙大拿铁线莲的枝条生长效果很好，可以牵引在树木或花园亭廊上，营造出一派自然氛围。

蒙大拿推荐图鉴

除此以外蒙大拿还有：
'繁荣''梅林'

'伊丽莎白' *C.'Elizabeth'*

分类（开花习性）：蒙大拿组（旧）。

开花特性：单季开花。

开花时期：4月中旬至5月。

枝条长度：4~5m。

花朵直径：4~6cm。

花色：粉色花瓣带浅粉色镶边。

特征：这是蒙大拿粉色花中的人气品种。每逢春季全株开满小花，空气中飘着甜甜的香草气息。这个品种不耐暑热。

'埃里克·萨维' C.'Sir Eric Savill' ❋ ◆ ★

分类（开花习性）： 蒙大拿组（旧）。

开花特性： 单季开花。

开花时期： 4月中旬至5月。

枝条长度： 3~4m。

花朵直径： 5~6cm。

花色： 粉色与白色混合在一起，脉络清晰。

特征： 在蒙大拿中这个品种的花朵属于偏大的，丰腴浑圆的花瓣尤显柔美。每朵花的色调都稍有微妙区别，朵朵都有独特魅力。这个品种不耐暑热。

'雪之华' C.'Yukinohana' ❋ ◆ ★

分类（开花习性）： 蒙大拿组（旧）。

开花特性： 单季开花。

开花时期： 4月下旬至5月。

枝条长度： 3~4m。

花朵直径： 5~6cm。

花色： 白色。

特征： 花朵初开时稍带绿色，之后逐渐转白，有时会带一些红色。从植株较小时就可以开出完整的重瓣花，是非常优秀的品种。这个品种不耐暑热。

适合在窗边、墙面开花的 铁线莲图鉴

建议选择枝条伸展旺盛的品种。枝条上节节开花的品种也非常适合。

除此以外还有：
'王梦''塞姆''茉莉亚夫人''满洲黄''麦克莱特'

'前卫' *C.'Avant-garde'='Evipo 033'*

分类（开花习性）：意大利组（新）。

开花特性：反复开花（强）。

开花时期：5月下旬至10月。

枝条长度：2.5~3.5m。

花朵直径：4~6cm。

花色：酒红色花瓣、粉色花心。

特征：就像品种的名字一样，是颜色和花形都颇具前卫感的重瓣品种。枝条伸展状况好、生长旺盛且多花，即使是开花最盛期也不显得过于厚重。非常适合欧式花园的氛围。

'罗茜' *C.'Rosea'*

分类（开花习性）：意大利组（新）。

开花特性：反复开花（强）。

开花时期：5月下旬至10月。

枝条长度：2~3m。

花朵直径：4~5cm。

花色：浅浅的粉色。

特征：向下开放的小花，淡淡的粉色营造出柔美的氛围来。由于花朵大小和花色不过于张扬，所以与其他品种搭配起来装饰在窗边或墙面上会别有情趣。

'罗曼蒂克' *C.'Romantika'* ✳🍃★

分类（开花习性）： 晚开大花组（新旧）。

开花特性： 反复开花（强）。

开花时期： 5月下旬至10月。

枝条长度： 2~3m。

花朵直径： 8~11cm。

花色： 近于黑色的深紫色。

特征： 花朵横向开放，除了拱门外，如果牵引在围栏等平面的地方应该也可以开出很震撼的效果来。枝条伸展状况好，盛花期时效果惊艳。

'约瑟芬' *C.'Josephine'* ='Evijohill'* ✳🍃🍃★

分类（开花习性）： 早开大花组（新旧）。

开花特性： 反复开花（弱）。

开花时期： 5月上旬至10月。

枝条长度： 2~2.5m。

花朵直径： 12~15cm。

花色： 粉紫色花瓣带深粉色中筋。

特征： 花瓣从中央层层翻开，开花方式非常独特。单朵花花期可以持续一个月，其独特的花姿堪称历史性名花。

'丰富' *C.'Galore'* ='Evipo 032'* ✳🍃★

分类（开花习性）： 晚开大花组（新旧）。

开花特性： 反复开花（强）。

开花时期： 5月中旬至10月。

枝条长度： 2~3.5m。

花朵直径： 9~12cm。

花色： 深紫色花瓣上带有浅色中筋。

特征： 花朵颜色带有光亮感，在初夏的强光照射下尤其抢眼。坐花状况出色，整个植株开出非常耐看的大花来，如果安排在红砖墙等欧式背景前效果最佳。

'卫斯理' *C. 'Wisley' = 'Evipo 001'* ✱ ◊ ★

分类（开花习性）： 晚开大花组（新旧）。

开花特性： 反复开花（强）。

开花时期： 5月下旬至10月。

枝条长度： 2~3m。

花朵直径： 9~11cm。

花色： 蓝紫色，开花后花瓣上逐渐呈现稍带红色的中筋。

特征： 适中的中等大小花朵，黄色花心尤显雅致。花色较深，但在强烈日照下也非常抢眼。这是节节开花、易养护的多花品种。

'幻紫' *C. florida var. sieboldiana* ✱ ◊ ★

分类（开花习性）： 佛罗里达组（新旧），野生品种。

开花特性： 反复开花（强）。

开花时期： 5月中旬至10月。

枝条长度： 2~3m。

花朵直径： 7~10cm 。

花色： 白色花瓣及由雄蕊异化的紫色花心。

特征： 这是与东西方花园都很搭的人气品种。枝条纤细、节节开花，观赏期较长，夏季停止生长。在寒冷地区露地越冬困难。

'粉色梦幻' *C. 'Pink Fantasy'* ✱ ◊ ★

分类（开花习性）： 晚开大花组（新旧）。

开花特性： 反复开花（强）。

开花时期： 5月中旬至10月。

枝条长度： 2~2.5m。

花朵直径： 9~12cm。

花色： 浅粉色花瓣，部分深粉色中筋。

特征： 尖瓣中等大小花，花形规整，红色花心的颜色配合得恰到好处，是粉色花中尤显层次美的名花。多花性品种，植株强壮时可以开出盖满窗边或墙面的惊艳效果。

'赫尔丁' *C.'Huldine'* ✽◆★

分类（开花习性）： 晚开大花组（新）。

开花特性： 反复开花（强）。

开花时期： 5月下旬至10月。

枝条长度： 3~4m。

花朵直径： 7~10cm。

花色： 珍珠白色花瓣，花瓣背面带有粉紫色中筋。

特征： 带有光泽的花色显得非常高雅，花朵正面和背面的颜色对比也很雅致。枝条伸展强劲，是节节开花的多花性品种。花色百搭，适合与其他品种组合起来装饰墙面。

'小男孩' *C.'Little Boy'* ✽◆★

分类（开花习性）： 全缘组（新）。

开花特性： 反复开花（强）。

开花时期： 5月中旬至10月。

枝条长度： 1.5~2m。

花朵直径： 4~6cm。

花色： 深紫色，稍带条纹。

特征： 花朵从初开时的铃铛形逐渐展开后朝横向偏下的方向平开。在侧枝上也会开花，反复开花性强，为多花品种。叶柄之前不易相互缠绕，方便牵引打理。亦适合作鲜切花。

在拱门上开花的铁线莲

让铁线莲在拱门上展露身姿，打造梦幻般的花园景致。
用盆栽铁线莲能栽出非常好的效果。
各种铁线莲与玫瑰组合起来也别有风情。

用枝条伸展旺盛的品种可以很好地实现"拱门梦"。蓝色的'杰克曼二世'搭配
低处开白花的直立型铁线莲'曼殊丽佳'。

搭配的乐趣

拱门的设计丰富多样，不同的拱门可以搭配相应的
不同品种。而且铁线莲没有玫瑰那样的刺，枝条柔软，
非常适合与拱门搭配起来造景。

在设计时可以为拱门不同的开花位置选择不同的
品种。

在拱门的1~1.5m高度处选择半藤本的全缘组铁线
莲中枝条伸展旺盛的品种，或枝条伸展旺盛的意大利组
铁线莲。单季开花（旧枝开花）的品种也可以考虑，但

与玫瑰搭配时需要在修剪的时候多加小心。

在已经种有玫瑰的拱门上加种铁线莲时，如果需要
打造出在玫瑰枝条之上的效果，可以选择晚开大花组、
意大利组、德克萨斯组、尾叶组。如果想要让铁线莲填
补玫瑰植株下部的空白，也可以选择前面提到的种类。

这里在拱门上选择了'茉莉亚夫人'。单一品种的形式，打造出简约清爽的效果。

在拱门的下方，采用水粉色效果的铁线莲'查尔斯王子'与玫瑰搭配，营造出非常迷人的色彩效果。

拱门中间部分的效果。紫色的'卡斯姆'和吊钟形的'小巴斯'搭配在一起，从花形到花色都有着丰富变化，让人百看不厌。

在拱门的上部，藤本月季'拉布瑞特'独当一面，其魅力被发挥得淋漓尽致。

在粉色月季'芭蕾舞女'的枝条上开放的铁线莲'卡鲁'。这个品种比玫瑰的花期稍晚，如果是在玫瑰的荫蔽下，可能无法长得很壮，所以在牵引时需要注意将其安排在阳光充足的地方。

把'紫罗兰之星'随意地搭在简约风格的拱门上，打造出清新自然的风格。只是把枝条蓬松地分散在花架的各处，就绘出一幅自然画作。

铁线莲轻轻垂在白色玫瑰'菲利斯黛·佩彼特'下方并开花。自然牵引'奥特阿罗'，打造出柔美的风姿。

定植与在拱门上牵引

准备花苗（'摇滚乐'）及土壤改良介质（堆肥2锹、腐叶土2锹），肥料（专用底肥、骨粉、饼肥）适量。适宜定植的时期为9～11月或2～6月。需要选择日照充足且排水性好的地方。

1 挖直径40cm、深40cm的种植坑。

2 将堆肥、饼肥、骨粉放入坑中，充分搅拌。

3 为了避免根系直接接触肥料，放回少量的原土作为隔离。

4 将花苗深埋1～2节。

5 小心从花盆中脱出花苗。

6 将花苗栽入，并加入混合了腐叶土和底肥的原土。

7 用手整形，做出水坑来。

8 临时固定枝条。

9 充分浇水，加好品种标签。

与玫瑰拱门搭配效果好的铁线莲

半直立的全缘组铁线莲虽然不会爬到拱门上面，但不像藤本类铁线莲那样叶柄容易缠绕在一起。这个组的铁线莲开花位置在玫瑰之下，反复开花，所以易于与玫瑰的花期配合起来。

10 为了不让枝条互相缠绕，需要稍做牵引。

11 拱门比平面花格的牵引简单些。

12 6月上旬开花。在花园中地栽时需要注意给足堆肥等，充分施肥。如果拱门的宽度超过50cm，可以在侧面栽种2株。

地栽开花后的修剪

在花园里，可能会因为花草树木或邻居家的房子等原因造成植株日照不够充足。植株恢复强壮需要较长的时间，所以有可能第二茬花的状态不会很好。在修剪时注意不要让植株被其他植物埋没，修剪到可以得到充分日照的位置即可。

花后将开过花的部分枝条修剪掉。对于早开大花组来说，从花挺处修剪，对于意大利组来说，将开过花的那部分枝条剪掉即可。

修剪的同时还要施用有机肥料。

1 '杰克曼二世'第二茬开花。

2 从架子上解下枝条。

3 根据周围的状况，将枝条修剪到可以充分得到光照的高度。

4 适量加施有机肥料。

铁线莲的立枯病

实际栽种铁线莲时最为难的应该就是突然发生立枯病了。立枯病的原因比较复杂，但一定要注意的是，不要马上放弃并扔掉植株。

即使由于某种原因地上部分枯萎，但通常铁线莲的根还是活着的。所以可以仅将发生枯萎的部分剪掉，持续观察一段时间。

枯萎的原因通常是病害或一次施用的化肥过多，所以施肥一定要注意用量。

没有对付立枯病的必杀技，只是如果发现频繁发生立枯病，最好定期喷洒杀菌剂。

1 突然半棵植株发生枯萎的铁线莲。

2 剪掉枯萎的部分。

3 由于还有一些没有枯萎的部分，所以静待观察一段时间。

在围栏上开满花的安顺铁线莲。

冬季里偶尔还能欣赏到在雪中开花的安顺铁线莲。

专栏

让铁线莲在大树或立柱上开花

树木或立柱和立体花架类似，都可以纵向利用较小的空间。

但由于树和立柱比立体花架高，所以要注意选择枝条伸展能力强的铁线莲品种。

如果在树的旁边栽种铁线莲，需要将根做一些隔离，避免彼此干扰。

将铁线莲'维尼莎'与玫瑰一起用麻绳牵引在立柱上。

专栏

冬季开花的铁线莲

冬季开花的铁线莲使我们可以在开花植物较少的季节里仍赏到美花。

花园中适合的品种有 10 ~ 11 月盛花期的卷须组铁线莲和 12 月至次年 1 月里开花的安顺铁线莲。

卷须组铁线莲在夏季会落叶，所以可以与晚开大花组、意大利组、德克萨斯组等修剪后基本不留枝条的铁线莲组组合在一起栽种。而安顺铁线莲是生长非常旺盛的常绿品种，所以不适合与其他品种组合在一起，最好是单独栽种。

把粉色铁线莲'帝国'牵引在造型树（柽柳）上。由于这里的环境可以保证铁线莲的充足日照，所以开花非常绚烂。右侧的红色铁线莲为'红衣主教'。

适合牵引至拱门上开花的
铁线莲图鉴

可以以在拱门上方开花和在拱门下方开花两种用途来选择品种。

除此以外还有：
‘舞池’‘蓝精灵’‘乌托邦’‘光辉’‘流星’

‘蓝珍珠’ *C.'Perle d'Azur'*

分类（开花习性）： 晚开大花组（新旧）。

开花特性： 反复开花（强）。

开花时期： 5月下旬至10月。

枝条长度： 3~3.5m。

花朵直径： 8~11cm。

花色： 蓝色花瓣上带有紫红色中筋。

特征： 枝条粗壮强健，虽然容易猛长，但也可以利用这个特性欣赏动感之美。坐花效果出众，不仅可以种在拱门处，还可以覆盖整面墙。

‘杰克曼二世’ *C.'Jackmanii'*

分类（开花习性）： 晚开大花组（新旧）。

开花特性： 反复开花（强）。

开花时期： 5月中旬至10月 。

枝条长度： 3~4m。

花朵直径： 9~12cm。

花色： 深蓝紫色，可见花瓣中筋。

特征： 自古以来就是用来覆盖墙面、围栏的代表性蓝色名花。植株粗壮结实，枝条伸展状况好，适合种在拱门等处。最好选择比较大的空间充分展现花姿。

'阿尔巴尼公爵夫人' *C.'Duchess of Albany'* ✻🌱★

分类（开花习性）： 德克萨斯组（新）。

开花特性： 反复开花（强）。

开花时期： 5月下旬至10月。

枝条长度： 4~5m。

花朵直径： 4~5cm（花长4~6cm）。

花色： 粉色花瓣带浅红色中筋。

特征： 生长非常旺盛，枝条不断伸展的同时节节开花，花期持续1个月。地栽适合牵引在拱门等较大的建造体上，不适合盆栽。可以用于鲜切花。

'宝塔' *C.'Pagoda'* ✻◆★

分类（开花习性）： 意大利组（新）。

开花特性： 反复开花（强）。

开花时期： 5月下旬至10月。

枝条长度： 2~3m。

花朵直径： 4~6cm。

花色： 略带浅粉色的浅紫色，脉络显色。

特征： 朝下开放可爱的花朵，仿佛彩蝶飞舞。植株生长旺盛，枝条伸展的同时节节开花，可以种在拱门或较大的围栏处，打造从下向上观赏的场景会效果更好。

'女神' *C.'Aphrodite Elegafumina'* ✻◆★

分类（开花习性）： 全缘组（新）。

开花特性： 反复开花（强）。

开花时期： 5月中旬至10月。

枝条长度： 1.5~2m。

花朵直径： 10~12cm。

花色： 带有天鹅绒般光泽的深紫色。

特征： 为反复开花性强的多花性品种。叶柄不易彼此缠绕，易于牵引打理。开花时的株高适中，开花期易与玫瑰配合在一起，可以搭配种植。建议种在低处。

'小白鸽' *C. 'Alba Luxurians'* ✳ ♦ ★

分类（开花习性）： 意大利组（新）。

开花特性： 反复开花（强）。

开花时期： 5月下旬至10月。

枝条长度： 3~3.5m。

花朵直径： 5~6cm。

花色： 部分白色花瓣的尖端带有绿色，朵朵不同。

特征： 植株强健易打理，枝条伸展状况也不错。植株强壮时可以全株开花。花色低调自然，易于与其他品种搭配。

'灵感' *C. 'Inspiration'* = 'Zoin' ✳ ♦ ★

分类（开花习性）： 全缘组（新）。

开花特性： 反复开花（强）。

开花时期： 5月中旬至10月。

枝条长度： 1.5~2m。

花朵直径： 6~9cm。

花色： 近于红色的深粉色，花心部分稍带白色。

特征： 花朵颜色效果好，在初夏的骄阳下尤其抢眼。叶柄不易彼此缠绕，易于打理，建议栽种在拱门的下方，与玫瑰的花期配合得较好，也可以作鲜切花。

'紫罗兰之星' *C. 'Étoile Violette'* ✳ ♦ ★

分类（开花习性）： 意大利组（新）。

开花特性： 反复开花（强）。

开花时期： 5月下旬至10月。

枝条长度： 2.5~3m。

花朵直径： 6~9cm。

花色： 深紫色。

特征： 用于花园栽种的深紫色代表性品种。除了拱门外，还可以种在围栏或墙面处，品种强健易打理，非常适合新手种植。

'卡斯姆' *C.'Kasmu'* ❋ ❀ ★

分类（开花习性）：意大利组（新）。

开花特性：反复开花（强）。

开花时期：5月下旬至10月。

枝条长度：2~2.5m。

花朵直径：7~10cm。

花色：带有光泽的天鹅绒般的紫色花瓣上有紫红色的中筋。

特征：黄色的花心形成很好的对比效果，花朵朝横向偏上方开花，为较大的中型花。枝条伸展效果好，多花，适合用于拱门或围栏等处。

'查尔斯王子' *C.'Prince Charles'* ❋ ❀ ★

分类（开花习性）：晚开大花组（新旧）。

开花特性：反复开花（强）。

开花时期：5月下旬至10月。

枝条长度：1.5~2.5m。

花朵直径：6~10cm。

花色：水粉蓝色的花瓣上带有紫红色中筋。

特征：节节开花的多花性品种。枝条伸展效果好，建议安排在拱门或较大的立体花架上欣赏。盛花期时全株开满花，让所有人为之陶醉。

在围栏与门边开放的铁线莲

可以说围栏边是最适合种植铁线莲的地方。
可以将多个品种混植，也可以搭配玫瑰和其他草花。

与鲜红色的门相呼应的是红花'戴安娜公主'。旁边紫色大花的藤本月季'紫罗兰夫人'更是相映成趣。

铁线莲和围栏的搭配非常和谐

如果你有1~1.5m高的围栏，那几乎各个品种的铁线莲都可以种在这里。

如果围栏比较宽，那可以种上一些生长旺盛的品种，或是多品种混植在一起。

多品种混植的状态下，可以选择花期一致的品种，也可以选择错开花期的品种。

如果将修剪方式相同的品种搭配在一起，打理起来会比较方便。种植多株时要注意将株距控制在40~50cm。

与藤本月季及其他藤本植物、宿根植物结合起来效果也不错。但小木通和圆锥铁线莲等部分生长旺盛的原生类品种不适合混植。

围栏和门口不仅可以从自家观赏，而且从外面看也有非常好的观赏效果。用铁线莲把这里装饰起来可以打造出非常迷人的风景。

开蓝色花的铁线莲'珍妮'与粉色玫瑰'薰衣草梦'的组合让人眼前一亮。这种颜色搭配是铁线莲与玫瑰组合的首选。植株底部的草花也起到了很好的衬托作用。

'维尼莎'和紫色的'紫罗兰之星'。对于拥有大片面积围栏的家庭来说，非常适合混植铁线莲。如果在植株底部搭配草花则可以起到很好的衬托作用。

在围栏上让'美好回忆'和英格兰玫瑰'玛丽·罗斯'自然伸展，两种植物配合起来的气场让这处围栏成为花园中的亮点。

从木格栅的间隙展露芳颜的'东京小姐'煞是惹人怜爱。

常绿品种小木通让这里常年
都有茂盛的绿色。让木亭子
的扶手成为花园中的亮点。

‘蓝色男孩’等全缘组的半直立
品种非常适合以这种形式种在围
栏处。

全缘组的半藤本品种‘女
神’。深紫色与浅粉色的组
合也很可爱。

大花组的花在很远的地方就非常
抢眼，这里把‘总统’搭在围栏上，
打造出花园的亮点。

5月中旬时开花的状态。长成大株后绿叶会越来越繁茂。混植的话注意植株间隔控制在40~50cm。

围栏边
定植与牵引

适合定植的时间为9~11月或2~6月，选在排水性好、日照充足的地方栽种。原则上采用放射状的牵引方法。枝条过长时可以呈"S"形牵引。

准备

准备花苗（'爱丁堡公爵夫人'）、土壤改良介质（堆肥2锹、腐叶土2锹）、肥料（底肥专用肥料、骨粉、饼肥）适量。

1 挖直径和深度都为40~50cm的苗坑。

2 在种植坑中加入适量的饼肥、骨粉、堆肥。

3 充分拌匀。

4 加入一些原土以避免根系直接接触肥料。

5 在挖出的原土中加入腐叶土。

6 充分拌匀。

7 仔细将花苗脱盆。

8 将花苗深埋1~2节的高度。

9 填实原土，使土与根系充分接触。

10 去掉无用的支架，注意不要伤到芽。

11 呈放射状牵引枝条。

12 拍出水坑。

13 充分浇水。

定植后的牵引

　　把枝条分散开，避免集中到一起。如果枝条过多，可以用麻绳等把几根理在一起。

1 将每根枝条分别固定更易于掌控。

2 也可以分成几份来固定。

3 用麻绳归拢一下会更容易操作。

开花

　　如果将多株混植，则可以欣赏到不同品种的丰富变化。可以选择让几株同时开花或是接力式开花的组合方式。而且二茬花和种子也很有观赏价值。

1 单季开花（旧枝开花）的品种只需要简单剪掉残花即可。

2 在围栏上开出不同品种的花来。

3 一些反复开花的品种还可以欣赏到第二茬花和第三茬花。

开花后的修剪与施肥

　　开花后可以从花朵之下修剪或是将开过花的一段枝条都修剪掉，修剪后要注意保证充足的日照。

1 结种比较消耗植株营养，应尽量将残花或种子剪掉。

2 要保证修剪后不要被其他草花遮挡阳光。

3 修剪后要注意给肥，特别是盆栽情况下一定要追肥。

6月初时开花的状态。这里种有'小奈尔''维尼莎'等品种。

牵引在门牌上

稍用心思，铁线莲可以有很多不同的展现方式。从春季萌动后到开花期，约需要每周牵引1次枝条以控制枝条走向。

1 12月中旬。这时虽然还没有落叶，但已经可以把植株修剪至齐腰高的位置了。

2 次年4月中旬时将枝条向需要的方向牵引。

3 5月初时会长至高过门牌的高度。

4 用麻绳将枝条牵引到需要的方向上。

5 把玫瑰的枝条也牵引到门牌周围。

开花时的状态。'和谐'在电线杆和围栏上自由伸展，营造出自然和谐的效果。

利用电线杆等各处的创意

如果光滑的电线杆枝条爬不上去，可以在上面拉些铁丝或是配上网子、围栏等，让枝条可以缠绕其上。各种小创意会让铁线莲有更大的展现空间。

1 在电线杆上围网子，以助铁线莲攀爬。

2 用园艺绑带等将铁线莲的枝条牵引上去。

3 营造出充满绿色的自然氛围。

铁线莲搭配

铁线莲的独特之处在于它是一种花色和花形特别丰富的植物。
可以通过各种组合打造出独具魅力的景致。

组合起来争奇斗艳

  不同品种的铁线莲组合起来可以打造出单个品种无法呈现的丰富效果。不仅可以选用相同花期同时开花的品种，还可以试试搭配出接力式开花的奇妙效果。

  可以先选择同样开花习性（旧枝开花、新枝开花、新旧枝开花）的品种。这样的话开花期相同，可以采用相同的修剪和牵引方法，打理起来相对轻松。如果其中一个品种选择白色，则搭配效果一定不会太差。

  如果选择不同组铁线莲搭配在一起，则打理起来会麻烦一些，但会带来更多惊喜。

  只要牵引到立体花架或围栏之类的地方，铁线莲就可以在这些地方开花。搭配时要注意将植株之间隔开40~50cm。旧枝开花的品种在早春时节牵引，新枝开花等类型的品种要配合枝条的伸展状况随时牵引。

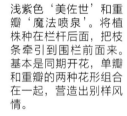

浅紫色'美佐世'和重瓣'魔法喷泉'。将植株种在栏杆后面，把枝条牵引到围栏前面来。基本是同期开花，单瓣和重瓣的两种花形组合在一起，营造出别样风情。

● **最推荐的组合**

'紫罗兰之星'+'里昂村庄'
'晴山'+'总统'
'美好回忆'+'绿玉'
'小白鸽'+'艾米丽'
'粉色梦幻'+'流星'

● **建议挑战一下的组合**

  如果开花习性不同，则修剪调整方面会比较复杂，而且开花的时机会被周围环境和植株的强壮程度左右。但不同的花形和各种组合的效果非常别致，如果成功的话会收获很大的惊喜。

'巴克兰美女'+'幻紫'
'贝蒂康宁'+'马祖里'

在墙壁前面的围栏上牵引节节开花的紫色'紫罗兰之星'和红色的'里昂村庄'，尽显奢华。

这里把同是单瓣的左边的'粉香槟'和右边的'娜塔莎'组合在一起。花瓣形状和花心的颜色各有不同，相映成趣。

让围栏上开满小木通

人气爆棚、生长旺盛的具有常绿特性的铁线莲。
开花时几乎看不到枝叶，可以很好地在篱笆处生长，或是用来遮挡视线。

如果每年适当牵引和修剪，小木通可以非常均衡地开花，
而且开花时周围空气里会漂浮着美好甜蜜的香气。

小木通的常绿叶子可以覆盖整个围栏或篱笆，虽然开花期很短，但一下子全株一起开放，宣告春天的到来，非常震撼。而且开花时带有香味，所以虽然是单季开花的品种，但人气非常高，一株就可以占据很大面积。

由于这个品种的植株生长旺盛，所以不适合种在狭窄的地方或是与其他品种搭配种植。如果过于茂盛则会造成通风不好且日照不够充足，所以在花后需要适当进行疏枝修剪。这时应优先剪掉开过花的枝条，这样有助于促发新的枝条。夏季可能会因为过晒而发生焦叶现象，如果觉得不好看可以适当修剪掉。

将部分枝条牵引在树上开花。

小木通的冬季修剪

冬季到初春期间，应将干枯的枝叶修剪掉，这个时期如果修剪得过多的话可能会导致无法正常开花。另外应每隔几年把所有枝条解开，重新牵引一次。

1 3月中旬时的状态。

2 上图为叶芽，下图为花芽。

3 去除没有萌芽部分的枯叶。

4 剪掉可能会遮挡其他枝条阳光的枯枝。

5 将枝条均匀牵引。

6 果断解下枝条。

7 牵引到旁边的树上。

开花期间的修剪及初夏修剪

如果有新长出的枝条遮挡了开花，可以把它剪掉。如果需要重剪，最好在花后到梅雨季节之间进行。

1 开花时如果有挡住花的枝条也可以剪掉。

2 从花后到梅雨季节前操作。

3 花后将开过花的枝条和枯枝剪掉，并在过于茂密的地方疏枝。

4 如果在花后比较充分地疏枝则可以促进新枝生长，使植株得到很好的更新。

推荐种在围栏边的
铁线莲图鉴

可以根据围栏的大小来选择合适的品种。大花品种比较抢眼，小花品种适宜组合搭配。

除此以外还有：
'押切''珍妮''小鸭''玛利亚''蓝雨'

'维奇塞拉' *C.'Viticella'*

分类（开花习性）：意大利组（新），野生品种。
开花特性：反复开花（强）。
开花时期：5月下旬至10月。
枝条长度：2.5~3.5m。
花朵直径：4~5cm。
花色：紫色（有时稍带紫红色）。
特征：枝条伸展的同时节节开出轻舞飞扬的美花来，为多花品种。四瓣小花朝下开放，颇具野趣。品种风格低调，方便与其他品种组合搭配。

'绿玉' *C.florida var. flore-pleno*

分类（开花习性）：佛罗里达组（新旧）。
开花特性：反复开花（强）。
开花时期：5月中旬至10月。
枝条长度：2~3m。
花朵直径：7~10cm。
花色：随着花朵的开放，花色逐渐从浅黄绿色变化为白色。
特征：花朵精致高雅，枝条纤细但节节开花，单花观赏期长。夏季停止生长，在寒冷地区户外越冬困难。

'晨天堂' *C.'Morning Heaven'* ❋ ♦ ★

分类（开花习性）: 意大利组（新）。
开花特性: 反复开花（强）。
开花时期: 5月下旬至10月。
枝条长度: 2.5~3.5m。
花朵直径: 4~6cm。
花色: 浅紫色，花内侧颜色偏深，花瓣上带有紫红色中筋。
特征: 远处看去朝下开的小花并不是很抢眼，营造出楚楚动人的雅致风情。可以用于较低调的场景中，或是作为配角与其他品种搭配组合起来。

'旋律' *C.'Melody'* ❋ ♦ ★

分类（开花习性）: 意大利组（新）。
开花特性: 反复开花（强）。
开花时期: 5月下旬至10月。
枝条长度: 2~3m。
花朵直径: 6~9cm。
花色: 亮粉色花瓣，花瓣边缘颜色加深。
特征: 横向稍偏下开花，花朵大小适中，适合安排在围栏等平面场景中。多花性品种，植株强壮时可以开满整片围栏。

'中提琴' *C.'Viola'* ❋ ♦ ★

分类（开花习性）: 晚开大花组（新旧）。
开花特性: 反复开花（强）。
开花时期: 5月中旬至10月。
枝条长度: 2.5~3m。
花朵直径: 9~12cm。
花色: 略带蓝色的深紫色。
特征: 花朵大小适中，花瓣边缘呈尖形，花形规整。黄色花心的对比效果尤具魅力。生长旺盛、枝条伸展效果好、多花，植株强壮时可以在围栏上开满花。

'维尼莎' *C. 'Venosa Violacea'* ✺ ◈ ★

分类（开花习性）： 意大利组（新）。

开花特性： 反复开花（强）。

开花时期： 5月下旬至10月。

枝条长度： 2.5～3m。

花朵直径： 7～10cm。

花色： 深紫色花瓣上带有白色刷毛状花纹。

特征： 让人联想到水墨画中的飞白效果，颜色调和恰到好处，既有东方气质又不失西洋风情。枝条伸展的同时不断开花，在初夏的骄阳下也很是抢眼。

'格拉芙泰美女' *C. 'Gravetye Beauty'* ✺ ◈ ★

分类（开花习性）： 德克萨斯组（新）。

开花特性： 反复开花（强）。

开花时期： 5月下旬至10月。

枝条长度： 2～3m。

花朵直径： 3～5cm（花长3～4cm）。

花色： 深红色，内侧颜色更深。

特征： 初开时花朵为郁金香形，之后逐渐展开，在初夏的强烈日照下也可以充分伸展枝条并节节开花。生长成4～5年植株后，下方也会萌发花芽。

'达柳斯' *C. 'Darius'* ✺ ◈ ★

分类（开花习性）： 早开大花组（新旧）。

开花特性： 反复开花（弱）。

开花时期： 5月上旬至10月。

枝条长度： 1.5～2.5m。

花朵直径： 10～13cm。

花色： 浅粉色花瓣上带有深紫红色中筋，并带有刷毛状花纹。

特征： 花朵柔美精致，花的大小适中，侧枝也会坐花，是多花性品种。开花非常耐看，且植株的低位也会坐花，适合栽种在较低的围栏处。

'华沙女神' *C.'Warszawska Nike'* ❋ ◆ ★

分类（开花习性）： 早开大花组（新旧）。

开花特性： 反复开花（强）。

开花时期： 5月中旬至10月。

枝条长度： 2~2.5m。

花朵直径： 9~12cm。

花色： 天鹅绒般的紫红色。

特征： 花瓣边缘为荷叶边似的波浪状，花色沉稳雅致，黄色花心的对比效果也颇具魅力。花朵大小适中，多花，植株强健易打理，适合新手种植。

'晴山' *C.'Haruyama'* ❋ ◆ ★

分类（开花习性）： 早开大花组（新旧）。

开花特性： 反复开花（强）。

开花时期： 5月上旬至10月。

枝条长度： 1.5~2.5m。

花朵直径： 12~15cm。

花色： 白色的花朵在初开时可以看到花瓣上带有淡黄绿色的中筋。

特征： 花瓣厚实，单花花期长。修剪后的二茬花也可以开出很好的效果。枝条伸展状况适中，易于牵引在围栏上。枝条较粗壮结实，方便新手打理。

适合与**玫瑰月季**搭配的**铁线莲**

玫瑰堪称"花之女王"，是大家都想种一种的美物。
如果和"藤本皇后"搭配起来，就更是魅不可挡了。

松尾正晃

受到世界各地人们喜爱的藤本月季'龙沙宝石'搭配女性喜爱的铁线莲'忐忑'。
浅色藤本月季与晚开大花铁线莲组合起来，花期和色调都非常和谐。

让铁线莲与玫瑰一起开放

铁线莲和玫瑰都是人气非常高的植物，那么我们来试试同时挑战两种植物吧！

可以让玫瑰与铁线莲同时开花，打造超豪华效果，也可以有意识地错开花期从而延长赏花时间。在花形和花色搭配上巧下心思，可以补充颜色的不足，起到相互调动衬托的绚烂效果。

但是，铁线莲和玫瑰分别有很多品种，每个品种的株型和品性都有所区别，需要了解把握各自的特性才能有更好的展现。而且，植物是自然的生命，因气候及栽种环境而无法按照预想的效果开花也是有可能的，各种尝试也可以说是乐趣之一。

兼顾花园整体的和谐，让铁线莲、玫瑰、树木、草花等在立体空间中有机结合起来。

白色藤本月季'巴尔的摩美女'搭配水粉色效果铁线莲'包查德女伯爵'。

小花型月季'保罗的喜马拉雅麝香'搭配中花或小花铁线莲非常和谐。这里是郁金香花型的'特雷弗·劳伦斯爵士'和平开花型的'玛格丽特·科斯特'。

了解玫瑰的特性

铁线莲和玫瑰都是人气非常高的植物，铁线莲的开花习性可以分为新枝开花、旧枝开花、新旧枝开花三种。而玫瑰根据枝条的伸展方式也有3个类型。

1. 直立型

基本无须支撑就可自行直立生长，多为四季开花型。

适合与直立型玫瑰搭配的铁线莲最好是枝条伸展得不是很长的新旧枝开花品种，可以直接牵引到玫瑰的枝条上，非常方便调整开花位置。如果玫瑰的植株比较高，则也可以考虑枝条伸展得比较长的铁线莲品种。

2. 灌木型

这是直立型和藤蔓型之间的类型，也称半藤蔓型。

每个品种的株型不同，有的枝条自然向上生长而近于直立型，也有的枝条柔软近于藤蔓型。可以通过修剪使其呈直立状态，也可以放任枝条生长。

关于适合与灌木型的玫瑰搭配的铁线莲，如果修剪成直立型则与直立型的选择原则相同，如果任其生长为藤蔓型效果，则与藤蔓型的选择原则相同。

3. 藤蔓型

藤本月季的枝条伸展较长，在墙面、藤架、围栏、拱门等处可以有很出色的表现。

考虑到冬季的牵引过程，通常选择新旧枝开花类型的铁线莲搭配藤本月季。但如果想要同时开花，则玫瑰长大后铁线莲枝条的长度可能会不足。这种情况下可以使用盆栽的大型成株铁线莲，连同花盆一起放置在预计玫瑰要开花的位置，把枝条牵引到这里。

玫瑰的株型

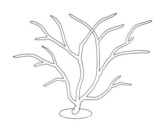

直立型
枝条自然直立。株型分为直立、半直立、横展等各种类型，既有30cm高的迷你玫瑰，也有超过1.5m高的大型品种。
适宜搭配的铁线莲品种：'灵感''维克多·雨果''小男孩''流星'。

灌木型
既包含枝条自然向上的直立状株型，也有枝条柔软而自然下垂呈弧形的株型，还包含小型灌木状株型。植株大小为1～3m。
适宜搭配的铁线莲品种：'卡罗琳''维尼莎''查尔斯王子''麦克莱特'。

藤蔓型
枝条伸展得较长，需要适当的支撑。有各种各样的株型和枝条特性，植株大小也不同，有的适合立体花架，也有的甚至可以覆盖整个房顶。
适宜搭配的铁线莲品种：'前卫''丰富''蓝珍珠''罗曼蒂克'。

玫瑰与铁线莲的开花习性

如果将铁线莲与较大的藤本月季搭配，则在牵引时可以把开花位置分开，分别打理。

如果将铁线莲与基本相同大小的直立玫瑰、灌木玫瑰或迷你玫瑰搭配时，可以将彼此的枝条组合起来牵引。铁线莲最好选择新旧枝开花的品种。

铁线莲和玫瑰的种植位置
间隔不要少于40cm。

木门牌的上方为玫瑰'路易欧迪'，
下方装饰的是颜色稍深的铁线莲
'维尼莎'。

如果选择的铁线莲和玫瑰的特
性相差较远，则最好是分开栽
种以分别打理调动其特性。照
片中的为藤本月季'龙沙宝石'
和铁线莲'紫罗兰之星'等。

如果在玫瑰周围没有合适的种植土
地或是不想让两种植物纠缠过多，
也可以在玫瑰植株旁摆放铁线莲盆
栽。这里搭配的铁线莲是'紫子丸'。

选择适合搭配玫瑰的铁线莲品种

铁线莲枝条柔软、造景自由度高，可以通过牵引来调整开花位置，但与玫瑰搭配时需要谨慎选择品种。

1. 同期开花

如果想要同期开花，可以选择晚开大花组、全缘组、意大利组铁线莲的品种。开始的几年可能开花期不是很准，但随着玫瑰和铁线莲的开花量增多，花期会逐渐重叠起来。

2. 轮换开花

如果将品种间的花期错开，则可以有很长的赏花时间。如果把藤本月季和早开大花组铁线莲搭配起来一起牵引，则铁线莲开过花后就可以继续欣赏玫瑰开花了。

铁线莲和玫瑰在花后修剪完1个月内都不会再复花，单季开花的品种花后要等到来年才会开花。所以如果能够常有花开，也是不错的方案。

3. 让花园四季花开

如果是与直立型或是灌木型的玫瑰搭配，最好选用全缘组铁线莲，这一组铁线莲的植株四季开花性强，可以在一年中多次开花。

4. 在藤本月季下方开花

如果是年数比较久的藤蔓型玫瑰，通常植株下方会有一些不开花的枝条。如果把铁线莲牵引在这个位置的话，不仅不会为玫瑰带来过多负担，而且还易于分别打理。

5. 玩转颜色搭配

将花色与花形搭配起来别有一番景致。玫瑰中少见紫色，铁线莲中少见黄色，再加上开花大小不同、大多数铁线莲为单瓣等因素，与重瓣、半重瓣等其他花形组合会非常有趣，方式多姿多彩，可以挑战各种组合。

另外，大多数铁线莲没有香味，与有香味的玫瑰种在一起会增添一份神秘感。

无论是玫瑰还是铁线莲，花形都非常丰富。所以不仅在色彩方面有多样的搭配方式，还可以从花形角度营造出很多不同的对比效果。可以用莲座状花形的玫瑰搭配郁金香花形的铁线莲'戴安娜公主'。

把两个颜色颇具个性的品种搭配在一起。因为紫色的'珍妮'颇具存在感，所以把它和成簇开小花的玫瑰'薰衣草梦'搭配在一起。如果是同色系搭配，铁线莲有时会不太显眼。

铁线莲搭配玫瑰的技巧

在把铁线莲和玫瑰牵引在一起开花时，有可能其中一方被遮挡阳光而影响正常生长，或因通风不足而导致发生病虫害。

在生长期阶段需要保证两种植物的叶片得到充分光照，才会在预计的花期开出美花来。可以在开花最盛的春季到初夏时节，在其中一种的花期时与另一种正在花期的盆栽相搭配，或是快到花期的时候再把两种植物带花苞的枝条牵引在一起。

如果在围栏或是拱门处混植，需要注意把玫瑰和铁线莲拉开距离进行牵引。

专栏

不适合与玫瑰搭配的铁线莲

冬季开花品种（卷须组、安顺铁线莲）、常绿品种（木通组）、蒙大拿组、长瓣组的花期和修剪时机都与玫瑰的不同，所以建议不要与玫瑰栽种得过近。

可以将卷须组铁线莲、安顺铁线莲牵引成四季开花的玫瑰的背景，这样在玫瑰落叶后依然可以有绿叶或是美花。

蒙大拿组的植株可以长得很大，如果与藤本月季一起栽种会影响彼此生长，如果耽误了修剪还可能会影响春季开花，所以需要与藤本月季种在不同的地方。

长瓣组铁线莲的耐热性差，建议在方便移动的花盆中培育。

推荐搭配铁线莲的玫瑰品种

可以与铁线莲搭配、强壮好种且魅力十足的玫瑰品种。

● 直立型（直立玫瑰）

四季开花的品种通常植株较矮，建议选择可以养成较大株的品种。

'约瑟夫公爵'
'Archiduc Joseph'
开花习性：四季开花　　花朵直径：6～8cm
株高：1.2m
半横向伸展型株型，刺较少，为四季开花特性中相对较早开花的品种，所以容易将花期配合起来。有着柔和的茶香。

'遗产'
'English Heritage'
开花习性：四季开花　　花朵直径：7～8cm
株高：1.5m
虽然植株会长得比较大，但可以通过修剪来控制大小，任枝条伸展的话也可以当作藤本月季。刺较少易打理。花形绝美，堪称极品。有着水果香味。

'协同'
'Emotion Bleu'
开花习性：四季开花　　花朵直径：8～10cm
株高：1.5m
植株可以长得较大且横向发展，方便牵引铁线莲。开花状况非常好，植株强壮。适合搭配粉色或紫色铁线莲，还有迷人的香味。

● 灌木型（半藤本月季）

用于拱门或立体花架及较小的围栏或墙壁，可以搭配比较大型的铁线莲。

'杰奎琳·杜普蕾'
'Jacqueline du Pré'
开花习性：反复开花　　花朵直径：8～10cm
枝条长度：2m 以上
可以修剪成紧凑的株型，也可以种在花园中养成很大的植株来装饰墙壁或拱门。和各种铁线莲都容易搭配起来，带有香料的香味，在和风庭院中也很和谐。

'叹息桥'
'Bridge of Sighs'
开花习性：反复开花　　花朵直径：7～8cm
枝条长度：2m 以上
早开品种，容易与铁线莲的花期重合在一起。植株虽然偏于横向伸展，但整体比较紧凑，可以配合小面积墙壁或立体花架。散发浓烈的蜂蜜和柠檬香气。

'科尼莉亚'
'Cornelia'
开花习性：反复开花　　花朵直径：7～8cm
枝条长度：3m 以上
直立状株型但刺少且枝条非常柔软，很易于打理，适合种在围栏处或比较大的立体花架上。开花比较低调，适合搭配花朵较小的铁线莲品种。

● 藤蔓型（藤本月季）

可以装饰较大的面积。通过重剪可以与铁线莲同时开花，或是将铁线莲种在玫瑰的下方。

'藤本冰山'
'Iceberg, Climbing'
开花习性：反复开花　　花朵直径：8cm
枝条长度：3m 以上
枝条上刺较少，易于打理。其浅黄绿色的叶片与各种铁线莲都可以和谐搭配，共同为花园营造出柔美的氛围。枝条可以横向伸展得很宽。

'瑟菲席妮·杜鲁安'
'Zéphirine Drouhin'
开花习性：单季开花　　花朵直径：6～8cm
枝条长度：3m 以上
枝条为半横向伸展型，基本没有刺，较易打理。其玫粉色的花令人印象非常深刻，可以栽种在花园的深处，香味也很迷人。

'金梦'
'Rêve d'Or'
开花习性：反复开花　　花朵直径：7～8cm
枝条长度：3m 以上
枝条直立生长，但较细较柔软，易于打理。各个季节和气温环境下会开出不同状态的花来，非常有意思。可爱又令人过目不忘的花反复开，一直延续到晚秋时节。香气也很宜人。

花园、花坛中的铁线莲

铁线莲中不仅有藤本型，还有很多不太为人知的直立型，可以更多地种在花园或花坛中。

在这处花园的白色藤本月季'利马'下方，栽种全缘组铁线莲的'灵感'和绣线菊。

当作草花种在花坛里

铁线莲中的全缘组和大叶组为直立型的品种，其他组中的'阿迪索尼''莱克塔'等也是此类品种。

这些品种可以与其他的草花一样当作宿根花卉种在花园中，也可以在花丛中和其他草花一起混植，比单独种植效果更好。

全缘组铁线莲打理简单，坐花效果好，可以反复开花，建议种在花坛等处。作为大型宿根，它可以覆盖整个地表。最好是用在稍宽敞的地方，可以有非常出色的表现。

还可以种在藤本铁线莲或是玫瑰的下方，起到很好的衬托效果，或是作为宿根花境中的一员组合进去。

有一些品种不能完全自行直立，需要在开花时期辅助设置支柱以防止倒伏。

选择排水性好、日照充足的地方栽种，注意不要遮挡其他植物的阳光。对于反复开花的品种，要在花后进行修剪并充分施肥。

在门口的花坛里栽上早开大花组铁线莲'红顶'、旱莲花和山桃草，把这里装点得非常绚丽。

用全缘组铁线莲'阿拉贝拉'营造出岩石花园的风格。

把开出粉色郁金香花形花朵的德克萨斯组铁线莲'阿尔巴尼公爵夫人'与'阿拉贝拉'搭配在一起。

适合种在花园、花坛中的
铁线莲图鉴

主要是选择直立型的品种。其枝条可以发散式向各方向伸展，非常自然有趣。

除此以外还有：
'阿迪索尼''花岛''曼殊丽佳''莱克塔'

'阿拉贝拉' *C.'Arabella'* ❋ ◆ ★

分类（开花习性）：全缘组（新）。
开花特性：反复开花（强）。
开花时期：5月中旬至10月。
枝条长度：0.7～1m。
花朵直径：6～9cm。
花色：稍带粉色的浅紫色。
特征：初开时颜色稍深，之后逐渐变浅，花色变化增加了观赏价值。既可以作为绿被植物直接散在地面上，也可以像一般的藤本植物那样加支撑来欣赏，是非常方便造景的万能品种。也可以作为鲜切花。

'阿柳' *C.'Alionushka'* ❋ ◆ ★

分类（开花习性）：全缘组（新）。
开花特性：反复开花（强）。
开花时期：5月中旬至10月。
枝条长度：0.8～1.2m。
花朵直径：4～6cm（花长4～6cm）。
花色：深粉色。
特征：在同一组中为偏大的吊钟型花，单花花期长，感觉很茂盛。既可以不加支柱直接散放在地面，也可以牵引在立体花架等处欣赏。

'索茜阿丽斯' *C.'Socialis'*

分类（开花习性）：全缘组（新），野生品种。

开花特性：反复开花（强）。

开花时期：5月中旬至10月。

枝条长度：0.3~0.5m。

花朵直径：1.5~2.5cm（花长2~3cm）。

花色：花朵内侧为紫色，外侧为浅紫色。

特征：铃铛型花，前端翻开可以小窥到紫色的花朵内部。植株颇有山间野草的风姿，修长的细竹叶般的叶片也颇有特色。这个品种通过增加地下茎而扩大植株的生长范围。其楚楚动人的风情很是迷人。

'哈库里' *C.'Hakure'*

分类（开花习性）：全缘组（新）。

开花特性：反复开花（强）。

开花时期：5月中旬至10月。

枝条长度：0.3~0.6m。

花朵直径：2~3cm（花长2.5~4cm）。

花色：花朵为白色，内侧稍带蓝色。

特征：花瓣有着美妙的旋褶，花瓣尖端翻转，打造出美妙的动感。花色非常适合与其他品种搭配起来。稍带香味，植株强壮时可以发出很多束枝条来，非常耐看。也适合作鲜切花。

'桑德尔' *C.'Sander'*

分类（开花习性）：大叶组（新）。

开花特性：反复开花（弱）。

开花时期：6月中旬至8月。

枝条长度：0.8~1.2m。

花朵直径：4~6cm。

花色：花朵为白色，花瓣尖端稍带蓝色。

特征：开花时细长的花瓣扭转飞舞，花量很大。在以植株为中心的1m范围内的地面可以被整体覆盖，魅力势不可挡。

'中华紫' *C. 'China Purple'*　☀ ◈ ★

分类（开花习性）：大叶组（新）。
开花特性：单季开花。
开花时期：6月中旬至7月。
枝条长度：0.6～1m。
花朵直径：2～3cm（花长2～3cm）。
花色：带有光泽的深紫色。
特征：在叶间发出的枝条的顶端开出风信子花状的小花来。直立型，叶片也颇具观赏性。在其他植物开花少的季节里开花，为花园添色不少。适合地栽，植株逐年增大，非常耐看。

'淡粉' *C. 'Pastel Pink'*　☀ ◈ ★

分类（开花习性）：全缘组（新）。
开花特性：反复开花（强）。
开花时期：5月中旬至10月。
枝条长度：0.3～0.6m。
花朵直径：2～3cm（花长2.5～4cm）。
花色：花朵为浅粉色，花瓣边缘颜色更浅一些。
特征：朝下开放的浅色花，营造出柔美的氛围。可以与同样类型的直立品种或其他草花混栽在一起。也适合在花坛中栽种。

'小鹰' *C. 'Petit Faucon'* = 'Evisix'　☀ ◈ ★

分类（开花习性）：全缘组（新）。
开花特性：反复开花（强）。
开花时期：5月中旬至10月。
枝条长度：0.7～1m。
花朵直径：6～10cm。
花色：带有光泽的深紫色。
特征：花朵初开时呈吊钟状，之后慢慢展开横向开放。易栽培，植株强壮时长出很多枝条，花量猛增。可以当作普通宿根花卉打理。

'玫瑰' *C.'Rosea'* ❋ ◈ ★

分类（开花习性）：全缘组（新）。

开花特性：反复开花（强）。

开花时期：5月中旬至10月。

枝条长度：0.5～0.8m。

花朵直径：2～3cm（花长4～5cm）。

花色：带有光泽的艳粉色。

特征：朝下开花，纤细的花瓣扭转，很是轻盈灵动。在初夏时节的阳光照射下尤显娇艳，可以作为混植场景的亮点品种。

'亨德森' *C.'Hendersonii'* ❋ ◈ ★

分类（开花习性）：全缘组（新）。

开花特性：反复开花（强）。

开花时期：5月中旬至10月。

枝条长度：0.3～0.5m。

花朵直径：3～5cm。

花色：蓝色，花瓣边缘颜色稍浅。

特征：非常出众的清爽色彩的花朵相继开放，可以作为普通的宿根草与其他植物混植起来。

铁线莲与草花搭配

铁线莲与草花有各种搭配方式，既可以在花盆中进行组合盆栽，也可以打造出色的英式花园。

富永祯晃

飞燕草及毛地黄不耐暑热，如果在秋季到早春之间栽下，则开花状况会比较好。这里的铁线莲为'尼欧碧'和'红衣主教'。

铁线莲与其他植物组合起来的好处

铁线莲与其他草花们组合起来的话可以带来以前没有发现过的惊喜。

1. 可以把铁线莲的花色和花形衬托得更夺目

如果在选择与铁线莲搭配的草花时举棋不定，可以试着把植物们当成色块来设计。

如果铁线莲开花是紫色色块，那么金光菊就是黄色色块，海石竹就是粉色色块。

如果只是把自己喜欢的植物罗列起来，可能会造成色彩过于单调，整体效果不够好。

这时最好设定出主角和配角，选择可以为主角起到较好衬托作用的配角。这种情况下，一些彩叶植物总能产生意想不到的好效果，它们不仅能让主角更加凸显，而且很容易打造出色彩效果。

2. 铁线莲非花期时由草花来补充

单季开花的铁线莲品种1年只开1次花。四季开花的铁线莲品种在开过一茬花后从修剪到再长出花苞要30～40天，这期间处于无花可看的状态，这时其他草花就可以起到很好的补充作用。

3. 可以避免根部被太阳直晒及避开暑气

铁线莲不喜欢太阳直射根部造成温度过高的情况，所以可以通过组合种植草花为铁线莲的根部遮阳，这样既有利于铁线莲的生长，还能欣赏到更多样的美花。

组合方法

首先确定主角是铁线莲，大部分铁线莲是藤本的，需要找到合适的牵引场所或花园设施（拱门、立体花架、藤架、围栏、墙壁等）。

在花坛或花园里找到可以确保充足阳光的地方，设好立体花架等设施后再按照喜好选择铁线莲的花色、花形、花朵大小等。

下面再选择周围搭配的草花。

如果有2m高的拱门用来牵引枝条，让铁线莲主要在中间偏上的位置开花，则可以在拱门附近高度为1m左右的、离拱门稍远些的地方安排中间高度（50cm左右）的品种，在外侧栽种比较低矮的植物（20～30cm高），在最外侧种匍匐性植物。

与其他植物组合种植时的注意事项

1. 修剪后也要确保充足日照

铁线莲得不到足够日照的话会影响坐花和植株生长。花后修剪可能会让铁线莲的植株变矮，这时要注意保证枝条的光照。

2. 保护铁线莲的根系

如果在铁线莲根部周围栽种较高的宿根植物，则这些植物的根有可能会伤到铁线莲的根。同时为了便于日常打理，最好把铁线莲与这些植物间隔40～50cm的距离种植。

一些一年生的草花根系不会太深，种在铁线莲的根部附近不会有什么影响。

专栏

在已经成型的花园中尝试

如果想在已经成型的花园里栽种铁线莲，可以把树木、篱笆、围墙等现成的景物利用起来。

尽量选择光照好的树木、篱笆等处，把它们作为立体花架，将铁线莲的枝条自然牵引上去，不用牵引得特别规则，打造出自然开花的效果就很好。

铁线莲与和风风格的花园也可以和谐搭配起来。

种在铁线莲附近的草花应尽量控制在铁线莲开花位置一半以下的高度。这里与风铃草搭配起来。

铁线莲与草花的栽种实例

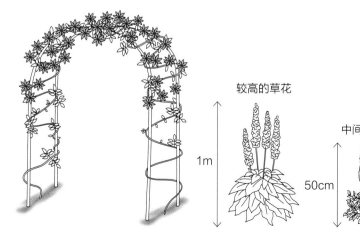

藤本铁线莲生长比较旺盛，非常喜光，需要确保充足的光照。

较高的草花
1m

中间高度的草花
50cm

较低的草花
20cm
～
30cm

匍匐性草花

洋气的小凉亭上爬满了铁线莲，有意识地让枝条向外生长且适当控制高度。

适合与铁线莲组合起来的
树木及草花

在混植时需要注意保证铁线莲的充足光照。

在选择栽种位置时还需注意不要让植物的根系相互影响。

●推荐树木

小型针叶树类
柏科·松科　乔木
①各品种不同　②一
③强　④强

黄杨
黄杨科　灌木
①1~5m　②一
③强　④强

小檗
小檗科　灌木
①2m 以下
②4~5月
③强　④强

大叶醉鱼草
马钱科　灌木
①1.5~2m
②7~10月
③强　④强

棣棠
蔷薇科　灌木
①1~1.5m
②4~5月
③强　④强

●较高的草花（株高 1m 左右）

彩叶鼠尾草
紫苏科　一年生草本
①30~60cm
②5~7月
③一般　④较弱

毛地黄
玄参科　多年生草本
①50~100cm
②5~6月
③强　④弱

蚊子草
蔷薇科　多年生草本
①60~100cm
②5~6月
③强　④一般~弱

飞燕草
毛茛科　多年生草本
（温暖地带为一年生草本）
①100~200cm
②5~6月　③强　④弱

毛蕊花
玄参科　两年生草本
①10~200cm
②6~7月
③强　④弱

蓍草
菊科　多年生草本
①5~120cm
②5~8月
③强　④强~一般

佩兰
菊科　多年生草本
①40~70cm
②8~9月
③一般　④一般

绵毛水苏
紫苏科　多年生草本
①30~80cm
②5~7月
③强　④一般~弱

欧蓍草
菊科　多年生草本
①15~100cm
②6~7月
③强　④一般

波斯菊
菊科　一年生草本
①50~120cm
②6~11月
③弱　④一般

●中间高度的草花（50cm 左右）

络新妇

虎耳草科　多年生草本
①20～80cm
②5～7月
③强　④一般

大花葱

百合科 多年生草本
①100cm 以下
②4～6月
③强　④稍弱

猫薄荷

紫苏科　多年生草本
①90cm
②4～10月
③强　④强

小丽花

菊科　多年生草本
①20～60cm
②6～11月
③弱　④强

萱草

百合科　多年生草本
①30～100cm
②6～8月
③强　④强

钓钟柳

玄参科　一年生草本
①10～100cm
②6～7月
③强　④稍弱

大戟

大戟科　多年生草本
①20～60cm
②4～6月
③强～弱　④强～一般

芸香

紫苏科　多年生草本
①50～90cm
②6～7月
③强　④强

罗纳菊

菊科　一年生草本
①40～60cm
②6～7月
③一般　④一般

黑种草

毛茛科　一年生草本
①30～60cm
②4～6月
③强　④弱

●较矮的草花（20～30cm）

屈曲花

十字花科
一年生草本·二年生草本
①20～30cm
②5～6月　③强　④稍弱

羊角芹

伞形科　多年生草本
①30～60cm
②6～8月
③强　④一般

天人菊

菊科
一年生草本·多年生草本
①70～100cm
②6～9月　③强　④强

风铃草

桔梗科　多年生草本
①10～200cm
②5～6月
③强　④一般～弱

老鹳草

牻牛儿苗科 多年生草本
①40～60cm
②4～6月
③强　④稍强

百里香（香草）

紫苏科　灌木
①1～30cm
②5～7月
③强　④强

白玉草

石竹科　多年生草本
①20cm
②6月
③强　④强～一般

香堇菜

堇菜科　多年生草本
①10～15cm
②12月～次年3月
③强　④稍弱

矾根

虎耳草科　多年生草本
①10～80cm
②5～7月
③强　④一般

雁河菊

菊科
一年生草本·多年生草本
①10～30cm
②3～11月 ③弱 ④稍弱

●匍匐性草花（横向扩展）

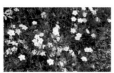

蒙大拿山蚤缀

石竹科　多年生草本
（温暖地区为一年生草本）
①8～10cm
②4～6月　③强　④弱

景天

景天科　多肉（一二
年生草本·多年生草本）
①5～20cm　②一
③强～一般④强～一般

蓼

蓼科　多年生草本
①匍匐性
②4～11月
③一般～稍弱　④强

黄花过路黄

报春花科　多年生草本
①匍匐性
②5～7月
③强　④强～一般

柠檬百里香

唇形花科　灌木
①1～30cm
②5～7月
③弱　④强

开花效果好的**铁线莲**品种

这些是无须特别打理也能年年开花且具多花性的品种。基本为中小花形，花姿优美，可以打造出各式美丽的景致来。

'茱莉亚夫人' *C. 'Madame Julia Correvon'*

分类（开花习性）：意大利组（新）。
开花特性：反复开花（强）。
开花时期：5月中旬至10月。
枝条长度：2.5~3m。
花朵直径：5~10cm。
花色：明朗的酒红色。
特征：花瓣细长，每朵花有4~6片花瓣，为多花性品种。长势旺盛，不断伸展枝条，及早修剪的话可以反复开花3~4茬。可以在围栏等处打造出颇具动感的效果。

'舞池' *C. 'Odoriba'*

分类（开花习性）：尾叶组（新）。
开花特性：反复开花（强）。
开花时期：5月下旬至10月。
枝条长度：3~4m。
花朵直径：3~5cm。
花色：花瓣外侧为深粉色，内侧带白色中筋。
特征：这个品种开花时如彩蝶飞舞般轻盈可爱，营造出柔美的氛围。多花性品种，在不断生长的过程中陆续开花，其小吊钟样的花朵与各种玫瑰都百搭。可以在围栏等处有效打造出动感效果来。

'塞姆' *C. 'Semu'*

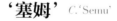

分类（开花习性）：晚开大花组（新旧）。
开花特性：反复开花（强）。
开花时期：5月中旬至10月。
枝条长度：2~3m。
花朵直径：12~14cm。
花色：稍偏蓝色的紫色。
特征：长势旺盛，边生长边陆续开花，花朵横向开放，可以打造出整片的色彩画面，品种多花性强，在盛花期时整个植株被花朵覆盖，也可以牵引在围栏或拱门等处。

'小鸭' *C.'Piilu'* ✳ ♦ ★

分类（开花习性）： 早开大花组（新旧）。

开花特性： 反复开花（强）。

开花时期： 5月至10月。

枝条长度： 1.2～1.8m。

花朵直径： 6～10cm。

花色： 粉紫色花瓣带有深色中筋。

特征： 植株较紧凑，可以盆栽或在较低的围栏处栽种。开花后期花色变浅，呈现有趣的对比效果。品种多花，盛花时几乎看不到叶子，整片开花。植株强壮时可开出重瓣花来。

'这泽' *C.'Haizawa'* ✳ ♦ ★

分类（开花习性）： 尾叶组（新）。

开花特性： 反复开花（强）。

开花时期： 5月下旬至10月。

枝条长度： 2.5m。

花朵直径： 2～3cm。

花色： 稍带粉色的浅紫色，花瓣尖端呈乳白色。

特征： 圆圆滚滚的花形很是惹人喜爱。多花性，侧枝上再发侧枝，每节开出10～14朵花，节节开花。夏季耐暑性强，适合搭配各种场景，是推荐一定要种的品种。

'玛利亚' *C.'Franziska Maria'* ＝'Evipo 008'* ✳ ♦ ★

分类（开花习性）： 早开大花组（新旧）。

开花特性： 反复开花（强）。

开花时期： 5月中旬至10月。

枝条长度： 2～3.5m。

花朵直径： 14～18cm。

花色： 鲜艳的蓝紫色。

特征： 初开时花瓣稍扭转，开出立体美花来，是花瓣量很大的豪华重瓣品种。长势旺盛且节节开花，陆续开出可以长时间欣赏的美花来。既可盆栽也适合地栽。

令人心动的铁线莲品种

这里选出一些植株强壮且耐暑性强的铁线莲品种。这些坐花状况好、单花花期长、玲珑可爱，一定可以成为花园中的亮点。

'王梦' *C.'King's Dream'* ❋ ♦ ★

分类（开花习性）：尾叶组（新）。

开花特性：反复开花（强）。

开花时期：6月中旬至10月。

枝条长度：2~4m。

花朵直径：2~2.5cm。

花色：外侧为紫色且花瓣尖端为白色，内侧为白色。

特征：紫色与白色搭配的铃铛型花，从伸展的枝梢开始开花，之后逐次在侧枝上坐花，赏花期长，四季开花性强。

'点滴爱恋' *C.'Koi-no-shizuku'* ❋ ♦ ★

分类（开花习性）：尾叶组（新）。

开花特性：反复开花（强）。

开花时期：6月上旬至10月。

枝条长度：1.2~1.8m。

花朵直径：约2.8cm。

花色：外侧为紫红色，内侧为浅黄绿色。

特征：胖胖的圆铃铛型花，坐花状况很好。花朵内侧和外侧的色彩相映成趣，非常耐看。枝条伸展新梢的同时节节坐花，品种多花性强且开花期长，四季开花性强。适合盆栽和作鲜切花。

'乌托邦' *C.'Utopia'* ❋ ♦ ★

分类（开花习性）：佛罗里达组（新旧）。

开花特性：反复开花（强）。

开花时期：5月下旬至11月。

枝条长度：2~3m。

花朵直径：10~16cm。

花色：乳白色花瓣，边缘为深粉紫色。

特征：在伸展的新梢上节节开花。在佛罗里达品系中属强健品种，是可以一直持续开花到晚秋季节的四季开花性强的品种。

'恭子小姐' *C.'Lady Kyoko'* ✳🍃★

分类（开花习性）：佛罗里达组（新旧）。
开花特性：反复开花（强）。
开花时期：5月下旬至11月。
枝条长度：2~3m。
花朵直径：6~8cm。
花色：浅紫色。
特征：外侧花瓣与中心部分异化的花蕊逐层向外展开，是非常雅致的重瓣品种。适当修剪的话可以持续开花至晚秋时节。单花花期长，花姿非常优雅。

'天使的首饰' *C.'Tenshi-no-kubikazari'* ✳🍃★

分类（开花习性）：尾叶组（新）。
开花特性：反复开花（强）。
开花时期：5月下旬至10月。
枝条长度：0.6~0.8m。
花朵直径：2.8~3cm。
花色：紫红色。
特征：从侧枝长出的枝梢上陆续开出可爱的小花。是株型紧凑的四季开花的半直立品种。适合盆栽和作鲜切花。

'蓝精灵' *C.'Blue Sprite'* ✳🍃★

分类（开花习性）：全缘组（新）。
开花特性：反复开花（强）。
开花时期：5月下旬至10月。
枝条长度：0.9~1.6m。
花朵直径：4~6cm。
花色：浅蓝色。
特征：春季从地面发出新枝，在枝梢和侧枝的节处发出花柄并开花。开花时在风中摇曳，非常迷人。花后适当修剪可以反复赏花至秋季。

铁线莲种植方法

铁线莲是品种众多、生长旺盛的藤本植物。
了解铁线莲的种植知识，一定可以帮助你打造出心仪景观来。

铁线莲病虫害图鉴

如果有适宜铁线莲生长的环境并适当养护，铁线莲发生病虫害概率比较小。
如果需要用药，请注意一定选择适合铁线莲的药品种类。

主要害虫及其对策

蚜虫
症状：群生在新芽或叶片背面等处吸食植物汁液。
发生时期：4~11月
对策：发现马上捕杀或喷药。

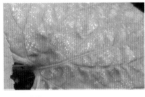

红蜘蛛
症状：寄生在叶片上吸食植物汁液。
发生时期：5~10月
对策：持续的干燥状态下易发生。可以用水或治红蜘蛛的药喷淋叶片背面。特别是盆栽状态下易发。

线虫
症状：根系寄生害虫，根部出现一些凸起。
发生时期：5~10月
对策：通常盆栽多年没有翻盆的话易发生这种情况。注意不要把花盆直接放在土上或地板上。如果虫害的地方不大，可以除去虫害部分后换新土重新种好。如果虫害部分比较大，则需要将植株、盆土都处置掉。

卷叶虫
症状：隐藏在叶子中啃食叶片。
发生时期：5~10月
对策：发现马上捕杀或喷洒杀虫剂。

夜盗虫
症状：夜间啃食叶片。
发生时期：5~6月、9~11月
对策：发现马上捕杀或喷洒杀虫剂，但对大龄幼虫不是很有效。

蛞蝓
症状：啃食花或新芽。
发生时期：4~11月
对策：发现马上捕杀或喷洒杀虫剂，但对大龄幼虫不是很有效。

主要病害及其对策

赤锈病
症状：在叶片上呈斑点状，通过孢子传染。
发生时期：5~10月
对策：如果附近有红松树则较易发病，梅雨季节和秋季等多湿低温时期较高发。通过喷洒杀菌剂预防，如发现染病叶片则需要立即清理掉。

白粉病
症状：在叶片及花苞上附着白粉。
发生时期：4~11月
对策：剪掉已经发病的部分。如果发病比较多，则需要喷洒杀菌剂来预防。'笼口'、尾叶组铁线莲的品种易发。

立枯病
症状：枝叶突然枯萎，呈茶褐色。
发生时期：4~11月
对策：易发于6~9月湿度高的时期。要将发病的部分剪除并处置掉。要仔细牵引，保持通风，如果发病较多则需要喷洒杀菌剂预防。盆栽的情况下注意不要浇水过多，避免盆土过湿的状态。没有完全避免立枯病的必杀技，但建议栽苗时至少深埋一节枝条。

其他病虫害

还有可能发生青虫、毛虫及叶蜂、白绢病、根癌病等。如果购买健壮的花苗并使用清洁的配土，适当施肥、给水等正常养护的话应该不会有特别大的病虫害损失。

认识铁线莲

铁线莲被称为"藤本皇后"，
与玫瑰、圣诞玫瑰一起受到广泛喜爱，是人气极高的藤本植物。

铁线莲是种类非常丰富的植物

　　铁线莲与圣诞玫瑰、银莲花等同为花毛茛科多年生植物。在以北半球的温带地区为中心的地带分布有约300个原生品种。日本有风车莲、半钟蔓、圆锥铁线莲等20余个自生品种。

　　大多数铁线莲为藤本，但也有全缘组铁线莲等直立的类型。另外，铁线莲不仅有大花品种，还有重瓣品种、吊钟型品种、铃铛型品种等各种丰富的花形品种。花色比较充实，几乎覆盖各种可能的花色，即使是玫瑰中少见的蓝色，在铁线莲中也很多见。不仅有单季开花，也有适当修剪后可以从春季到秋季反复开花的品种，还有冬季开花的品种，可以说几乎一年四季都有在开花的铁线莲品种。

　　植物本身比较强健，但根系的再生能力较弱，因而不喜移栽或在花盆里混植。

铁线莲基本信息

学名：Clematis
花色：粉、红、蓝紫、橙、黄、白、绿等
日照：向阳处
植物分类：花毛茛科 常绿·落叶木本藤蔓
原生地：主要生长于北半球的温带及南半球部分地区
原生品种数量：约300种
用途：围栏、墙面、立体花架、花坛等

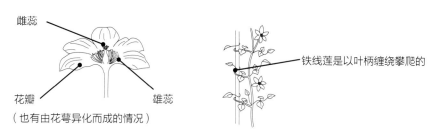

雌蕊
花瓣
雄蕊
（也有由花萼异化而成的情况）

铁线莲的花朵结构

铁线莲是以叶柄缠绕攀爬的

藤蔓的缠绕方式

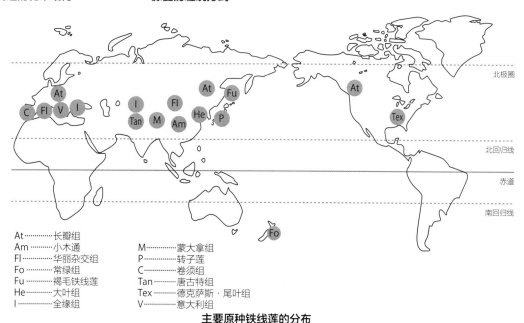

北极圈
北回归线
赤道
南回归线

At·········长瓣组
Am·········小木通
Fl·········华丽杂交组
Fo·········常绿组
Fu·········褐毛铁线莲
He·········大叶组
I·········全缘组

M·········蒙大拿组
P·········转子莲
C·········卷须组
Tan·········唐古特组
Tex·········德克萨斯·尾叶组
V·········意大利组

主要原种铁线莲的分布

铁线莲的主要种类及开花习性

通常介绍铁线莲时都是按照组来说明的，可以作为背景知识了解一下。
铁线莲大多比较健壮，但一些高山品种比较适宜在冷凉地区或海拔较高的地区种植。

需要慎重选择种类

关于铁线莲的分类有几种不同的思路。

如果打算在花园或阳台用铁线莲造景，则不仅要根据花形花色来选择，还要考虑叶片的质感及坐花状况、养护方法、枝条长度、强壮程度等因素。

关于反复开花

如果要把铁线莲与花园中的其他植物一起培育，则需要保证铁线莲能够得到充足的光照和肥料。为此，如果植株不是很强壮，则不仅春天的第一茬花状态不是很好，而且之后的第二茬花和第三茬花也很难把控。

另外，在花园中如果只开出寥寥几朵花，那可能景致不会很抢眼，所以不要对第二茬和之后的开花有太多的期待，权当花园给自己的小惊喜。

◆旧枝开花

主要为单季开花，在往年旧枝的节点开花或从往年的枝条上长出几节枝条开花。

木通组

包括小木通在内的原生品种和改良品种。叶片常绿并带有光泽，芳香性品种较多。属多花性品种，每节开出多朵花来。

长瓣组

包括高山铁线莲、长瓣铁线莲等在内的原生品种和改良品种。花朵朝下，花形非常可爱，花后结出的种荚也很迷人。经常被当成山野草栽培。

卷须组（冬季开花）

包括卷须铁线莲在内的原生品种和改良品种。花朵朝下，花色以米色为主，还有花瓣带有斑纹的品种，非常可爱。花后的种子（果球）也很迷人。

早开大花组

为以转子莲等品种为主的改良品种。从4月中旬开始开花，花形除单瓣外还有重瓣类型。

蒙大拿组

包括蒙大拿在内的原生品种。其中有一些芳香性品种。春季群开很多花朵，生长旺盛且易栽培。近年来也开始育成了重瓣品种。夏季不耐湿热。

常绿组（早春开花）

为原生于新西兰的原生品种和改良品种。花色有白色和绿色。叶片常绿，叶形类似香菜叶子。适于盆栽。

◆新枝开花

在新枝的枝梢及节处开花，每次修剪后可以再次开花。但再次开花的效果会因品种特性、环境因素及养护方法的不同而有所差异。

全缘组（直立＋半藤蔓型）

包括全缘铁线莲在内的原生品种和改良品种。通常为直立型或半藤蔓型，枝条不易相互缠绕。直立型品种经常被当成宿根花卉使用。

德克萨斯组

包括德克萨斯铁线莲在内的原生品种和改良品种。开花主要为郁金香花形，多为多花性品种。耐暑热，品种强健，开花效果好。

尾叶组

包括尾叶铁线莲、'德克萨斯'、'克里斯巴'、褐毛铁线莲等在内的原生品种和改良品种。多为可爱的吊钟状品种。

意大利组

包括意大利铁线莲在内的原生品种和改良品种。多为开小花和中花的多花性品种。花形丰富，有一些是横向开花或朝下开花的品种。

华丽杂交组

包括圆锥铁线莲等在内的原生品种和改良品种。开出带有芳香气味的十字形小花，夏季几乎整株开满群生小花。

葡叶组

主要为葡叶铁线莲、女萎等原生品种。夏季整株开满小花。

大叶组

包括大叶铁线莲、牡丹藤等在内的原生品种和改良品种，直立型。带有一些芳香气味，开花形态与其他品系的铁线莲不同，也被当成大型宿根草使用。

◆新旧枝开花

同时具备旧枝开花和新枝开花的特性，无论在哪里剪断都会从修剪处的下方长出新的枝条来开花。

晚开大花组

包括'超级杰克'等在内的改良品种。5月上旬开花。多为多花性品种。

佛罗里达组

包括'幻紫'等在内的原生品种和改良品种。四季开花性强，花朵个性迷人。

唐古特组

包括唐古特铁线莲、东方铁线莲等在内的原生品种及改良品种。开出别致的黄色花，并有多个芳香性品种。不是很耐暑热，夏季需要注意充分通风。

铁线莲花苗的挑选方法

俗话说"苗好一半收"，说明苗的状态对栽培效果有很大的影响。
请向有信誉的生产者或园艺店购买花苗。

尽量选择大株的苗

在购买铁线莲苗时，建议选择比较专业的园艺店。这些地方的工作人员可以详细说明品种的特性，而且所销售的花苗也打理得比较好。全年都可以买苗，而且有时还可以找到一些比较特别的珍贵品种。

园艺店和家居中心等处销售铁线莲花苗通常是2~6月或9~11月。

在购买花苗时请尽量不要买一年苗，应选择稍贵些的两年以上的苗。特别是如果想马上在花园中种出效果来，需要选择年头尽量多的花苗。环境不好的地方要尽量选择大苗，过小的苗会受环境影响而很快枯死。

一年苗由于过于柔弱，不适合直接在花园中地栽，需要在花盆中养护1年后再落地。如果是新手，养护起来会比较困难，所以没有什么经验的话最好选择大苗。

花苗的选择方法

应尽量选择枝条较粗、节间紧凑、没有病虫害的苗。如果处于生长期则要选择叶色较好的苗。植株底部的叶片容易掉落，这里的叶片可以不作为判断的标准。在落叶期时尽量选择节上有饱满芽的苗或可以看到土中冒出芽的苗。

如果从盆底可以看到冒出一些根系的话，应该是较好的苗。

根据环境和目的来选择合适的品种

如果要在花园或阳台种植铁线莲，不仅要考虑花形姿态、坐花状况、枝条长短、叶片形状等，更要考虑自己有多大精力打理它们。

铁线莲不适合移栽，所以需要慎重选择栽种位置。如果在很小的空间里栽种小木通等生长旺盛的品种则会措手不及。而且由于一年中大部分时间里铁线莲都是不开花的，所以在品种选择时叶片的质感也要作为选择因素之一。

如果不是很了解品种的特性，也可以在盆栽的状态下先试放在想要栽种的位置，观察一下效果。

寒冷地区的注意事项

·养成大株需要的时间较长

关于植株长成大株所需要的时间，寒冷地区似乎比温暖地区长一些。需要足够的耐心，才能养出比较壮实的植株。定植后经过几年时间植株充实后，枝条的伸展能力增强，坐花状况也会出色起来。

·有一些不适合室外越冬的品种

木通组、常绿组、安顺铁线莲等具有常绿属性的品种在寒冷地区无法室外越冬。另外，冬季开花的卷须组铁线莲，'幻紫''绿玉'等佛罗里达组的原生品种在一些地区也无法顺利越冬。

苗的种类

一年苗：7.5cm 或9cm 盆径的育苗钵苗，需要换到大一圈的花盆中养护1年，然后再定植到花园里或大花盆中。不一定能马上开花，对于新手来说打理比较困难。

两年以上苗：多为盆径是13.5cm（4.5号花盆）的苗。可以马上在花园中定植，也可以盆栽，栽后很快就可以开花了。

开花株：多为搭好立体支架的盆栽。买回先直接观花，花后修剪再定植即可。可以视同为两年以上的苗。

铁线莲的定植

定植和翻盆是非常重要的养护作业。
这是让铁线莲开出美花的第一步，一定要认真完成。

花园地植要点

　　铁线莲不喜移栽，所以首先要慎重确定种植地点。要选择适宜铁线莲健康生长且与品种特性相适应的环境。日照非常重要，但最好避免太阳直射根部。

盆栽要点

　　适宜定植和翻盆的时间为9月至11月以及次年2月至6月。需要选用较好的营养土，换至比原来花盆大一两圈的较高的花盆中进行深埋。

　　铁线莲的根系如果盘结在一起就会影响生长而不易开花，所以需要至少每2年翻1次盆。如果根系从花盆底孔钻出来就说明该翻盆了。如果翻盆时发现根系过于拥挤则可以适当修剪掉一些根系。可以轻轻敲打土坨来松动根系，要尽量去掉旧的盆土。

　　花盆直径超过30cm后用同样大小的花盆翻盆的情况，可以在早春修剪后进行。具体请参考第39页的内容。

寒冷地区的注意事项

·谨慎进行花后修剪

　　寒冷地区的春季修剪通常在积雪融化后可以看到新芽萌动的时期开始进行。花后修剪不要修剪得过多，要保证枝条在修剪后得到充分光照，如果光照不足则可能影响第二茬花的效果。

花园定植

　　深埋1~2节后，可以从地里发出新芽，促进植株分枝，有助于植株更加强壮。如果是较大的植株，深埋5cm也完全没有问题。

　　在定植时如果无法深掘苗坑，则可以试试四周设围板后在里面加高土的方法，做出小花坛的效果。

深埋后可以促使地里发出新芽来

花盆定植

　　翻盆的频率每2年至少1次，每次用比原盆大一两圈的盆。

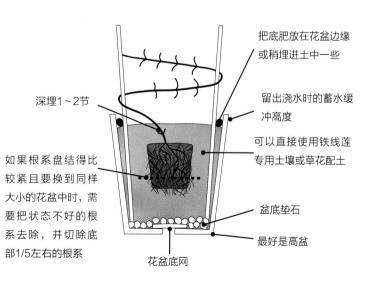

深埋1~2节

把底肥放在花盆边缘或稍埋进土中一些

留出浇水时的蓄水缓冲高度

可以直接使用铁线莲专用土壤或草花配土

如果根系盘结得比较紧且要换到同样大小的花盆中时，需要把状态不好的根系去除，并切除底部1/5左右的根系

盆底垫石

最好是高盆

花盆底网

铁线莲的日常养护

各种植物有相应的养护方法，需要用对才能养好。
对于铁线莲来说，即使完全放手不管也可以开花，但如果掌握一些窍门，则会调整到更好的状态，开出更多的美花来。

日照非常重要

铁线莲需要至少半天的日照，并选择通风良好的地点栽培。每天需要4~5小时日照，由于是藤本植物，所以可以忍受半天遮阴的环境，但如果日照严重不足则会影响生长状况，导致坐花效果不好。如果通风不足则容易引发病虫害。

地栽时需要选择排水性好的地点，如果是容易积水或过度干燥的地点，需要预先进行土壤改良。

如果是盆栽，夏季的时候需要特别注意避免花盆过度升温。如在阳台等地，不要将花盆直接放在水泥地上，要采取帘子遮阳等避暑措施。

在冬季和夏季期间给水要格外注意

对于地栽的铁线莲，除了刚定植好的时候需要充分浇水，之后只要不是夏季花期时极度干燥的情况，就不用特意浇水。如果过于殷勤地照顾，反倒相当于对植物溺爱了。

盆栽情况下的给水原则和一般植物相同，也是表面发白变干后充分给水至盆底孔流出水来。尽量选在早晨的时候给水。从早春至夏季的生长期应注意保证供水。春季和秋季每天早上1次，夏季早晚各1次，冬季每1~2周给水1次。

常见的不恰当给水方式为，生长期给水过多，造成过湿的状态，或冬季不给水而造成彻底枯死。冬季即使露在外面的部分干枯了，但根系还是保持活力的。

保证肥力供给

铁线莲属喜肥植物，需要注意保证肥力供给。但如果给肥过多，也有可能会导致不开花、花形不规整、烧根等肥害。可以将固体缓释肥料浅埋在稍离开根部的地方。各种肥料的用法不尽相同，需要认真阅读厂家说明书后按照说明的方法使用。

（1）冬肥尤为重要

地栽和盆栽都需要在12月至次年2月期间给冬肥。

（2）出芽肥

新芽萌动的3~4月期间给出芽肥。

（3）花后追肥

无论是地栽还是盆栽都要在修剪后追肥。盆栽要每2个月追肥1次。

病虫害对策

铁线莲是病虫害较少的植物。基本的预防方法为，及时发现有可能变成病虫害温床的枯叶和枯枝并尽早清理，在修剪和牵引时注意适度拉开距离以保证良好的通风。

发生病虫害后应尽快剪掉病枝，并喷洒相应的药剂。基本原则是要尽早发现、尽早处置。

寒冷地区的注意事项

·在根部覆腐叶土御寒

对于一些耐寒品种，不用特别采取御寒措施。但如果还是不放心，可以入冬前在根部周围覆盖一些腐叶土。

给水

充分给水至盆底孔流出水为止。不要机械地给水，需要根据植物的状态灵活调节。

盆栽施肥

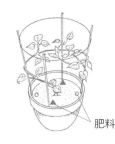

肥料

把缓释肥料浅埋在花盆的边缘处。每次变换施肥位置。

简单易行的铁线莲修剪与牵引

铁线莲貌似修剪和牵引都很麻烦，
实际上只要通晓其中窍门，其并不复杂。

铁线莲的修剪和牵引

（1）铁线莲的养护作业

即使不做修剪或牵引，铁线莲也可以自然开花。但通过修剪和牵引可以有效促进开花，营造出优美的景致，并可以有效预防病虫害。

铁线莲的修剪和牵引流程为：①早春修剪；②早春牵引；③生长期牵引；④花后修剪；⑤修剪后牵引。

反复开花的品种在开过头茬花后重复④⑤的步骤。

在生长期期间，根据情况适当修剪掉枯叶、枯枝及过于疯长的枝条。

（2）按照出芽位置判断即可

想来铁线莲让人觉得修剪方法复杂的主要原因是各个品种的修剪方法不同。实际上如果种在花园里，只要分清这两个类型就足矣了。①旧枝开花，即在往年长出的枝条的节上直接开花或是从往年枝条的花芽处长出3~5节后开花的类型；②新枝开花，即春季从根部附近或土中长出新的枝条。

早春的时候可以根据出芽位置来进行判断，如果很长的枝条上都有新芽萌动，则是旧枝开花的类型；如果只是从土面附近萌动新芽，就是新枝开花类型。

旧枝开花类型的周期（早开大花组）

（1）确认新芽位置

芽的位置

选取较壮的芽的上方修剪，剪后如果还有旧枝则为旧枝开花类型，将枝条从原来的牵引位置上拆下重新牵引。

（2）早春时节修剪后的牵引

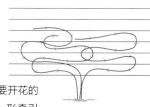

把枝条分散牵引到各处想要开花的地方。采用放射状、"S"形牵引有助于开花。修剪时预留出整体开花位置上方1/3左右高度的空间。

（3）修剪和开花过程

第一茬开花后的修剪

旧枝开花的品种会在前一年枝条的基础上生长3~5节后开花。

花后修剪残花

修剪后保护新长出的枝条。有些品种还可以反复开花。

花芽

来年早春修剪

将前一年生长的枝条回剪到萌芽的位置，并进行牵引。

次年的第一茬花

花后修剪

新旧枝开花的类型该如何处理？

对于新旧枝开花的类型，早春修剪后会呈现出旧枝较多的近于旧枝开花类型（早开大花组）的形式与基本没有旧枝的近于新枝开花类型。虽然如此，但也并不复杂，只需在修剪后将剩余的枝条进行牵引，并在其后将新伸展的枝条适当牵引即可。

寒冷地区的注意事项

·雪季来临前施足冬肥

对于地栽植株，应在雪季来临之前施足冬肥。对于积雪会一直持续到早春季节的地区，由于积雪中的温湿度环境更好，所以可以在盆土表面覆盖腐叶土后再把花盆直接埋在雪中。

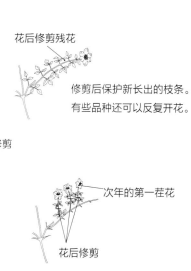

新枝开花类型的周期

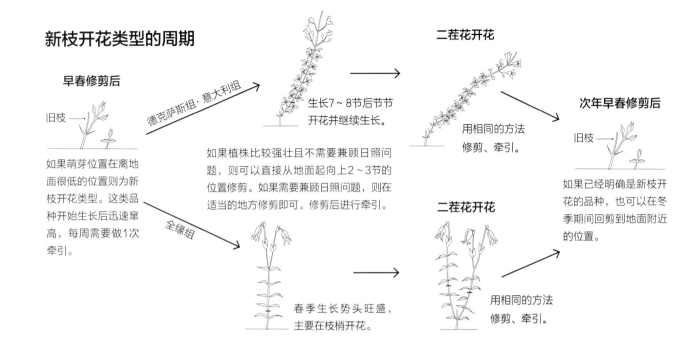

早春修剪后

旧枝 ——

如果萌芽位置在离地面很低的位置则为新枝开花类型。这类品种开始生长后迅速窜高，每周需要做1次牵引。

德克萨斯组·意大利组

全缘组

生长7～8节后节节开花并继续生长。

二茬花开花

如果植株比较强壮且不需要兼顾日照问题，则可以直接从地面起向上2～3节的位置修剪。如果需要兼顾日照问题，则在适当的地方修剪即可。修剪后进行牵引。

用相同的方法修剪、牵引。

次年早春修剪后

旧枝 ——

如果已经明确是新枝开花的品种，也可以在冬季期间回剪到地面附近的位置。

春季生长势头旺盛，主要在枝梢开花。

二茬花开花

用相同的方法修剪、牵引。

● **早春修剪：2月中旬至3月上旬（节间可见萌芽时）**

如果尚有枝条，则先要将枝条清理至易于观察的状态，此时可以将叶柄修剪掉。枝条稍有折损也不用介意。

从枝条上方开始向下方寻找节间的芽，找到膨胀得最大的壮芽后将其上的枯枝都剪掉。如果枝条节间没有萌芽，则将其从根部剪掉。一些没有生命力的枯枝可能成为病虫害的温床，需要注意清理掉。

完成修剪后如果地上部分依然剩余部分枝条，则可以认为是旧枝开花类型或与其相似的品种。反之如果地表只剩下很少的几节枝条或是完全没有剩余枝条的话，则可以认为是新枝开花类型或是其相近的品种。

● **早春牵引：2月中旬至3月上旬（修剪后）**

（1）旧枝开花类型有计划牵引

如果按照萌芽的位置修剪后还剩余一些枝条，则也可以当作旧枝开花的类型来打理。如果打算牵引在围栏等平面位置，则可以采用放射状或"S"形的牵引方式。如果牵引在立体花架上，则可以采用螺旋状的牵引方式。

这个类型的品种在这个时期牵引之后只须随着生长简单牵引即可，打理起来比较轻松。相比从地面重新萌发枝条的品种来说，早春时节已经基本可以计划出整体的开花规模了。

（2）新枝开花类型边生长边开花

对于地上部分没有萌芽或只有贴地的位置有萌芽的品种，可以当作新枝开花的类型来打理。这一类由于地上部分基本没有剩余，所以如果与藤本月季等其他植物搭配起来，从美观考虑，冬季不会出现过多的老枝，非常方便。冬天里只需将仅剩的枝条简单固定处理即可。

枝条修剪方法

节

节

在中间剪断

从节与节的中间处剪断。

牵引时的注意事项

注意不要让枝条从格子间穿过。

●生长期牵引：从早春牵引直到开出头茬花

（1）旧枝开花品种基本无须打理

修剪后剩余枝条较多的旧枝开花类型的品种会从牵引好的枝条再长出3～5节后开花，可以按照这个规律将花苞牵引调整到希望有花的位置。如果枝条彼此缠绕在一起则需要打散后牵引。

（2）新枝开花品种边牵引边造景

对于新枝开花的类型来说，会从地面附近发出多根新枝来。这些新枝如果放任生长则有可能会纠缠在一起，或攀爬到不需要开花的方向上，所以应每周至少做1次牵引。

刚长出的枝条容易弯折，应每3～5节枝条进行一处固定。将枝条分别牵引到需要开花的位置，避免彼此缠绕在一起。如果是牵引在围栏等平面花架上，需要把枝条分散开呈放射状或"S"形的牵引方式，如果是牵引在立体花架上，则最好是呈螺旋状的牵引方式。如果枝条长得过长也可以采用"S"形的牵引方式来调整开花位置。

如果枝条长得比较茂盛，或是由于没有及时打理而造成枝条彼此缠绕在一起，可以果断拆开，或是把叶柄剪断。只要枝条不断，稍有折损是不会有太大问题的。枝条的外皮受损基本不会影响之后的生长。

当然如果枝条长得过于繁茂，已经是无法分别牵引每根枝条的状况，也可以用麻绳整体束起来。

●花后修剪：花后应尽快完成

原则上无论哪个类型都需要在花后修剪掉开过花的部分。对于在枝梢开花的品种（旧枝开花类型），从花朵下修剪。如果是在枝条上节节开花的品种（新枝开花类型），则从开花位置的下方比较低的位置回剪。

但如果是种在花园中，修剪的时候需要保留足够的高度以避免枝条被周围其他植物埋没。如果完全被遮挡在阴影中，则新芽无法正常生长，会影响二茬花的开花效果。如果条件适宜，一些品种每年可以复花两三次，但从第二茬花起花量减少，颜色也会偏浅。另外，一些可以反复开出二茬花或三茬花的品种如果从地面发出的枝条过多，有可能会影响坐花，所以需要适当疏剪枝条。

●修剪后的牵引：花后到下次开花之间或进入休眠期之前（5~10月）

修剪后要对长出的新枝条进行适当牵引。原则上要将枝条分散开，不能缠绕在一起。如果花苞还没有萌出，判断枝条还会再伸长，则要将枝条呈"S"形均衡布局，以保证整体的观花效果。

但对于单季开花和旧枝开花的类型来说，在休眠期之前都只长枝条不再开花，这时要小心打理枝条，以备来年更好地开花。通过牵引使枝条得到充分均匀的光照，来年可以开出更多的花。

如果可以分出新枝开花和新旧枝开花的品种，则从花园的美观角度考虑，可以在早春修剪前就从贴地高度的芽上方剪掉枯枝。

枝条牵引

在立体花架上采用螺旋状牵引方式。

在平面花架上可以呈"S"形牵引。

修剪残花

开花部分

修剪

从开过花部分的下方剪掉。

欣赏种荚

很多品种如果花后不剪残花还可以欣赏种荚。所以可以在修剪时保留一些残花，让其形成美丽的种荚。但对于比较新的植株来说，结种会给植株造成过大的负担，所以小苗尽量不要留种荚。

疏剪枝条时保留的参考枝条数目

5～7号花盆（盆径15～21cm）：
2～4根

8～10号花盆（盆径24~30cm）：
5～7根

花园地栽的情况下保留半数枝条。

※ 开过第三茬花后维持原状即可（不用疏剪枝条）。

铁线莲各种类的开花方式

铁线莲是非常深奥丰富的植物。
先来了解各种类的特征、修剪、牵引等方面的要点吧。

新枝开花类型（意大利组、德克萨斯组、尾叶组、全缘组、大叶组等）的开花方式

新枝开花类型大多具有多花性，且耐夏季暑热，修剪后反复开花，可以开出很多个性且颇具魅力的花形。

开花方式有两类：①前一年长出的枝条从根部附近起往上都基本枯萎，春季时从根部附近的土中长出7~8节枝条后，以上的枝条节节开花并不断伸展（意大利组、德克萨斯组、尾叶组）；②冬季时前一年长出的枝条全部枯萎，春季时从土中发出的新芽伸展，并在枝梢开花（全缘组）。

早春时的修剪相对简单，只需将枝条回剪到根部发出芽的上方，如果植株的地上部分完全枯萎则将枝条齐地都修剪掉即可。新芽开始萌动后，每周牵引1次枝条，将枝条朝着想要开花的方向牵引。如果是开在立体花架上则将枝条呈螺旋状牵引，如果是打算开在围栏等平面花架上，则将枝条呈放射状或"S"形牵引。开花前枝条会伸展得比较长（意大利组、德克萨斯组、尾叶组），所以勤于牵引可以有助于打造理想的开花效果。

花后将开过花的枝条部分整体修剪掉，有助于反复开花。这时如果从根部发出过多的枝条，则需要疏剪掉半数的枝条。另外要注意不要将枝条剪得过短，避免修剪后枝条埋没于周围的植物之中而无法获得充足的光照。如果被遮阴，则新芽可能无法正常生长，甚至很难开出二茬花。一些品种每年可以开出二茬花或三茬花，但第二茬和以后开花时花量会有所减少，花的颜色也会变浅一些。

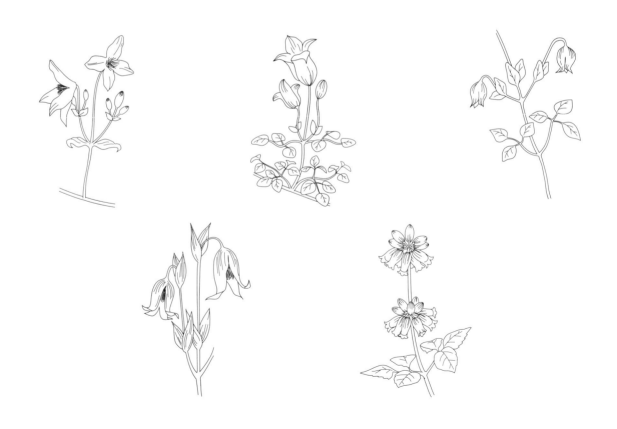

旧枝开花类型（早开大花组）的开花方式

⊙以轻剪方式打理

旧枝开花类型的早开大花组的品种，会从前一年伸展的强壮枝条的花芽处长出3~5节枝条，在枝梢上开花。花朵很大很耐看，这个类型可以充分展现出铁线莲特有的丰富色调和精致美感。

在早春时节（2月中旬至3月上旬）修剪时，从上方的枝梢顺着枝条向下找，可以找到膨胀得比较大的萌芽，从这个芽的上方剪掉已经枯萎的枝条。修剪后将枝条在立体花架上呈螺旋状牵引，或在围栏等平面花架上呈放射状或"S"形牵引。

做好早春修剪和牵引之后，生长过程中的牵引就会比较轻松，只需把花苞牵引到需要开花的位置即可。如果对枝条伸展多长后开花的情况比较了解，则基本上可以在预想的位置上开花。

开花后从花柄处剪掉残花。根据植株的整体状况，有时会开出二茬花来，但不要期望值太高，把二茬花想作是花园的惊喜即可，重点是促进枝条强壮，以备来年开出更多美花来。

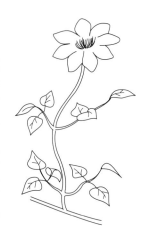

新旧枝开花类型（部分早开大花组、晚开大花组、佛罗里达组、唐古特组）的开花方式

⊙各品种的类型有所区别

新旧枝开花的品种中以开中花和大花的品种居多，开花方式包括近于旧枝开花（早开大花组）的品种和近于新枝开花的品种两种类型。

早春（2月中旬至3月上旬）修剪时，从上方的枝梢顺着枝条向下找，可以找到膨胀得比较大的萌芽，从这个芽的上方剪掉已经枯萎的枝条。从修剪后剩余的枝条来看，近于旧枝开花（早开大花组）的品种剩余枝条较多，而近于新枝开花的品种剩余枝条很少。修剪后将枝条在立体花架上呈螺旋状牵引，或在围栏等平面花架上呈放射状或"S"形牵引。

花后修剪掉开过花的部分。如果是在枝梢开花则从花朵下方轻度修剪，如果是节节开花则将开过花的枝条部分整体剪掉。基本所有品种都具备反复开花的性质，所以花后修剪还会开出第二茬花来。

新旧枝开花类型的复花

新旧枝开花的品种无论在哪里修剪都会开花，所以如果条件允许可以试试各种修剪方法的效果。

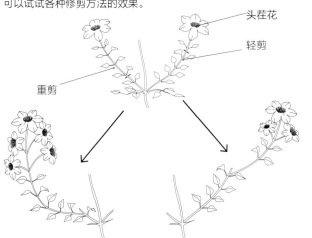

头茬花

轻剪

重剪

重剪过的枝条
剪后经过1个半月至2个月的时间开花。枝条充分伸展的话甚至可以开出不输于头茬花的花来。

轻剪过的枝条
经过1个月开花。新伸展的枝条偏短，开出多朵偏小的花。

卷须组（冬季开花·落叶）的开花方式

⊙夏季休眠

　　卷须组的品种会在进入休眠期之前在长好的枝条上节节开花。10月中旬至11月开花，整株都开满，其后不断长出新枝，并反复开花至春季到来。6月开始进入休眠期，到9月时地上部分呈枯萎状。耐寒性偏弱，日本的东北地区以西和以南的平原地带可以室外越冬。

　　在可以确定新芽萌动的9月时将没有萌动迹象的枯枝修剪掉。修剪后进行牵引，如果是立体花架则呈螺旋状牵引，如果是围栏等平面花架可以呈放射状或"S"形牵引。之后新枝会生长得非常旺盛，要注意适当牵引以避免枝条互相缠绕在一起。

　　定植多年后如果长得过于茂盛，可以在新枝伸展的时期直到梅雨季节来临之前进行枝条疏剪。主要将带有残花的枝条、过于密集的枝条、枯枝和相对较弱的枝条进行适当修剪以形成一定程度的镂空效果。但要注意如果在梅雨季节后进行重剪可能会影响次年的开花效果。

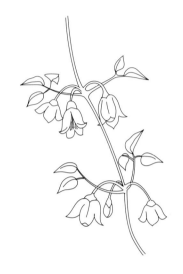

蒙大拿组的开花方式

⊙下垂枝条也可以很好开花

　　蒙大拿组通常在前一年生长的枝条上节节开花，开花最繁盛时整株都开满可爱的小花。一些品种带有香味，营造出一派梦幻场景。

　　早春时，将枝梢上已经枯萎而没有膨大的芽的部分修剪。之后枝条会长势旺盛，需要注意不要让枝条彼此缠绕，使整体分散开来。

　　定植多年后如果长得过于茂盛，可以在新枝伸展时期到梅雨季节来临之前进行枝条疏剪。主要对带有残花的枝条、过于密集的枝条、枯枝和相对较弱的枝条进行适当修剪以形成一定程度的镂空效果。如果枝条伸展得过多，可以回剪到植株整体高度的一半。这样有助于促发新的健康枝条以完成植株更新，改善坐花状况。但要注意如果在梅雨季节后进行重剪可能会影响次年的开花效果。

　　蒙大拿组的品种在日本关东以西的平原地带的平均寿命为4～5年，不要觉得时间太短，当作常换常新的好机会就好。蒙大拿组生长旺盛，很快就能长出效果来，而且近年来蒙大拿不断翻新品种，刚好可以过几年换一换。

常绿组的开花方式

⊙较适合盆栽

常绿品种是指在新西兰的原生品种的总和。叶片似芹叶形状，颇具观赏价值。雌雄异株，雄株不能结种。不喜过湿或过冷的环境，建议盆栽作为花园的点缀。这类多为株型紧凑的品种，也可以用吊篮来种植。在日本关东以西的平原地带可以室外越冬，在寒冷地区则需要注意防寒。

在发现枯枝或枯叶时应及时修剪掉。花后（开花期为3月中旬至4月中旬）将枝条上开过花的部分回剪掉会长出很多新的枝条，生长得强壮的枝条会在次年春天开花。

应选用排水性好的介质栽种，冬季养护应减少给水，静待春季开花。

威灵仙组的开花方式

⊙因生长极旺盛故应单独栽种

常绿性威灵仙组的品种会在前一年伸展的强壮枝条上节节开花。除夏季过于猛烈的日照会导致焦叶状况外，整体具有强健易栽培且多花的特性。如果植株状态好，可以满株开出带有香气的美花来。耐寒性稍弱，在日本东北地区以西和以南的平原地带可以室外越冬。由于生长旺盛，故不适合与其他品种混植，应在围栏等处单独栽种。

在发现枯枝或枯叶时应及时修剪掉，特别是早春开花前如果认真修剪过则开花效果会更好。如果在开花的过程中发现长出的新枝遮挡影响观花，也可以修剪掉。牵引时要注意避免枝条彼此缠绕在一起，应整体均衡地分散开来。

定植多年后如果长得过于茂盛，可以在新枝伸展时期直到梅雨季节来临之前进行枝条疏剪。主要对带有残花的枝条、过于密集的枝条、枯枝和相对较弱的枝条进行适当修剪以形成一定程度的镂空效果。要注意在梅雨季节后进行重剪可能会影响次年的开花效果。

安顺铁线莲（冬季开花·常绿性）的开花方式

⊙冬季开出很多美花来

安顺铁线莲在秋季之前长成的强壮枝条上节节开花。这类品种虽然夏季日照过强可能会发生烧叶，但基本上是比较强健、易打理且多花的品种。在植株强壮的状态下可以开出上百朵花来。品种耐寒性稍弱，在日本东北地区以西和以南的平原地带可以室外过冬。这类品种生长非常旺盛，与其他品种混植困难，适宜在围栏等处单株栽种。

在发现枯枝或枯叶时应及时修剪掉。为避免枝条彼此缠绕，应将枝条分散，均衡牵引。

定植多年后如果长得过于茂盛，可以在新枝伸展时期到梅雨季节来临之前进行枝条疏剪。主要将带有残花的枝条、过于密集的枝条、枯枝和相对较弱的枝条进行适当修剪以形成一定程度的镂空效果。但要注意如果在梅雨季节后进行重剪可能会影响次年的开花效果。

铁线莲栽培年历

以日本关东以西的平原地带环境为标准。

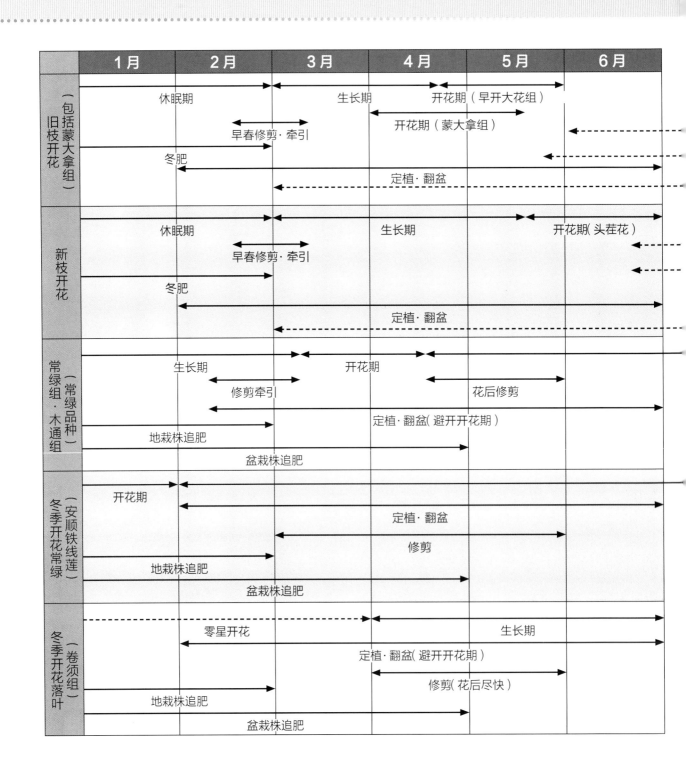

寒冷地区的注意事项

· 非常推荐在寒冷地区栽培的品种

　蒙大拿组、长瓣组、唐古特组由于耐暑性偏弱，更适合在寒冷地区种植。

7月	8月	9月	10月	11月	12月
		生长期			休眠期
		开花期(反复开花·多次开花)			
花后修剪·牵引					
花后追肥					冬肥
			定植·翻盆		
	盆栽株定期追肥				
开花期(二茬花及其后)				生长期	休眠期
	花后修剪·牵引				
					冬肥
	盆栽株定期追肥		定植·翻盆		
	生长期				
				地栽株追肥	
			盆栽株追肥		
生长期					开花期
			定植·翻盆		
				地栽株追肥	
			盆栽株追肥		
休眠期		生长期	开花期		零星开花
		定植·翻盆(避开开花期)			
		修剪·牵引			
			地栽株追肥		
		盆栽株追肥			

监修者：金子明人

1962年生于日本千叶县。自幼亲近园艺，师从铁线莲界权威小泽薰及猪野泰三，主要学习及研究铁线莲相关的栽培技术。现在作为"日本铁线莲研究第一人"活跃于NHK电视台"趣味の園芸"等节目中。

曾著书有《クレマチス—育て方から最新品種まで》（多人共著、NHK出版社）、《クレマチス》（讲谈社）、《人気のクレマチス》（主妇之友社）等。

著者：及川洋磨

1979年生于日本岩手县。毕业于东京农业大学造园科学专业。在家传的铁线莲专业苗圃及川中心工作，进而总结出了铁线莲的轻松培育方法及利用方式。在《趣味の園芸》《花ぐらし》《BISES》等园艺杂志上发表了多篇著文。

曾著书有《四季の庭を彩る　はじめてのクレマチス》（由湖北科技出版社译制出版，中文书名《铁线莲栽培入门》）。

图书在版编目（CIP）数据

铁线莲完美搭配 /（日）及川洋磨著；陶旭译 . — 武汉：湖北科学技术出版社，2018.5
ISBN 978-7-5706-0259-9

Ⅰ . ①铁… Ⅱ . ①及… ②陶… Ⅲ . ①攀缘植物－观赏园艺 Ⅳ . ① S687.3

中国版本图书馆 CIP 数据核字 (2018) 第 077015 号

责任编辑　周婧　林潇
封面设计　胡博
出版发行　湖北科学技术出版社
地　　址　武汉市雄楚大街268号
　　　　　（湖北出版文化城 B 座13~14层）
邮　　编　430070
电　　话　027-87679468
网　　址　http//www.hbstp.com.cn
印　　刷　武汉市金港彩印有限公司
邮　　编　430023
开　　本　889 X 1092　1/16
印　　张　7.25
版　　次　2018年5月第1版
　　　　　2018年5月第1次印刷
字　　数　100 千字
定　　价　48.00 元

（本书如有印装问题，可找本社市场部更换）